Marianne Heilmannseder

Gartenpotpourri

M H
edition

Marianne Heilmannseder

Gartenpotpourri

Amüsante und interessante Geschichten über
Gärtner/innen und ihr grünes Hobby

Illustrationen von Ingrid Heiss-Rupp

M H
edition

Für Franziska

Inhalt

Vorwort 8

Frühling 12

Grüne Da(u)men quer durch die Menschheitsgeschichte 14
Blümchenwiese kontra Englischer Rasen 19 / Pflanzenspezialisten vereinigt euch 22 / Blumen in der Wohnung 24
Gärtnerschreck: die Eisheiligen 27 / Alle Vögel sind schon da 29
Gartenschauen – Disneyland für Freizeitgärtner 32
Der Garten als Gesundheits- und Therapiezentrum 35
Gärtnern auf Balkonien 39 / Auf Gartenreise 42

Sommer 48

Gartencenter machen süchtig 50 / Kräutermanie in Garten und Küche 54 / Mythos Rose 57 / Wasser marsch 62
Sage mir, wie du mähst 65 / Schnecken haben keine Lobby 67
Sonnenblume – Sommerblume 69 / Was tun mit dem Erntesegen? 71 / Gedanken zum richtigen Garten-Outfit 74
Der verwaiste Garten 77

Herbst 80

Die Last mit dem Laub 82 / Herbstzeit – Kürbiszeit 84
Garten-Teamwork mit Vorbehalt 87 / Kleingartenanlagen:
Gärtnern nach Vorschrift 89/ Ahorn kontra Buche 92
Überlebensgärten einst und jetzt 95 / Malergärten –
Gartenmaler 98 / Von der Schwierigkeit des Loslassens 101
So lasst uns denn ein Apfelbäumchen pflanzen 104
Die letzte Bepflanzung 109

Winter 114

Scheinfrühling im Januar 116 / O Weihnachtsbaum 117
Wintergäste im Wintergarten 120 / Winterblumen, so weiß
wie Schnee 122 / Verwunderliches aus dem Pflanzenreich 126
Gärtners Winterpause 130 / Im Botanischen Garten 132
Die Kamelie – eine sensible Pflanze 135/ Gartendeko vor
der Haustüre 137 / Tiere in meinem Garten 139

Literaturnachweis, Impressum 143

Vorwort

Die Liebe zum Gärtnern ist eine Saat,
die – einmal gesät – niemals stirbt.
(Gertrude Jekyll)

Garten ist schön …

Durchs Bürofenster wandert mein Blick über das Staudenbeet, ein schmales Stück Wiese, dahinter zwischen einem Sternmagnolien- und einem Fliederbaum hindurch zum Flussarm der Würm und am andern Ufer hinein in den städtischen Park. Hier sehe ich sie dann tagtäglich laufen, joggen, Nordic walken: die Schar der Fitnessbewussten zwischen achtzehn und achtzig. An einer Bank absolvieren sie ihr Stretching-Programm: Rumpf beugt, Arme hoch und zur Seite, Beinmuskulatur gedehnt …

Auf diese gesundheitsfördernde Freizeitbeschäftigung kann ich guten Gewissens verzichten, denn meine Fitness-Arena ist der Garten. Er bietet mir sowohl Bewegungs- als auch Kraft- und Koordinationstraining: in die Hocke zum Einpflanzen und Ausgrasen, mit dem voll beladenen Schubkarren marsch-marsch, Ganzkörperstreckung, um die obersten dürren Zweige des Jasminstrauchs abzuschneiden.

Der Samen zu meinem grünen Hobby wurde bereits im Garten meiner Kindheit ausgesät. Mit fast zehntausend Quadratmetern hatte dieser für einen Vorstadtvillengarten eine heutzutage nahezu unvorstellbare Größe. Wir Kinder durften in ihm uneingeschränkt Beete anlegen, und ob wir darauf Gänseblümchen pflanzten oder Radieschen zogen, war den Erwachsenen egal.

Irgendwann war dieser Garten Geschichte. Aber wo immer ich auch hinzog, gab es ein Fleckchen Erde, zumindest einen Balkon, auf denen ich – damals noch als ausschließliche Feierabend- und Wochenendgärtnerin – etwas zum Blühen bringen konnte.

Zur passionierten Freizeitgärtnerin entwickelte ich mich erst, als ich bereits ein halbes Jahrhundert auf dem Buckel hatte. Damals starb meine Mutter, und ich übernahm ihren auf knapp tausend Quadratmeter geschrumpften Garten im Westen Münchens in Eigenregie. Bis zu diesem Zeitpunkt war ich nur Assistentin ohne Mitspracherecht gewesen. Doch das fand ich ganz in Ordnung, denn kein Gärtner – und erst recht keine Gärtnerin – lässt sich gern dreinreden.

Zuallererst war ich bestrebt, den Garten von Grund auf umzumodeln, denn natürlich hatte ich meine ganz persönliche Vorstellung, wie mein grünes Paradies aussehen sollte. So ergeht es wohl jedem frisch gebackenen Gartenbesitzer – sogar, wenn er ein zweites Sissinghurst geerbt haben sollte.

Mir schwebte damals ein sowohl optisch ansprechender als auch pflegeleichter und daher wenig arbeitsintensiver Garten vor. Im Gegensatz zu meiner Mutter, die Beete angelegt und sie neben Gemüse mit einjährigen Sommerblumen, Dahlien und Kanna bestückt hatte, pflanzte ich Gehölze und Stauden, die von Frühling bis Herbst blühen sollten. Ein gepflasterter Weg erschien mir ideal zum Laub kehren und Schnee räumen, dazu ein paar Terrakottatöpfe, der Rest Rasen. Das, so dachte ich in meinem laienhaften Gartenverständnis, gedieh quasi alles von selbst und erblühte jedes Jahr aufs Neue. Schließlich hatte ich nicht vor, wie andere Hobbygärtner tagein, tagaus auf meinem Grundstück herumzubuckeln. Gießen, ein bisschen Unkraut jäten, Mähen – was sein muss, muss sein –, mehr war nicht vorgesehen. Vor allem aber wollte ich mir eine Hängematte kaufen und meinen *Hortus conclusus* nach Herzenslust genießen.

Ein schöner Gedanke. Der Gedanke manch eines frisch gebackenen Gartlers.

Die Hängematte wurde und wird nur selten bewegt. Denn kaum war alles fertig, infizierte ich mich aus heiterem Himmel mit dem Gartenvirus. Das ist eine bei Freizeitgärtnern weit verbreitete Sucht, der mit nichts anderem beizukommen ist, als mit ständiger und intensiver Beschäftigung im Garten.

Zwei Jahrzehnte lang pflanze ich seitdem mit Begeisterung ein und um, versuche mich an diversen Sorten von Fuchsien und Phlox, erfreue mich an diffizilen Historischen Rosen, ersetze kümmernde Sträucher aus der Erstpflanzung durch Japanischen Schlitzahorn, Blumenhartriegel, Sommermagnolie, ziehe gegen Schnecken und Wühlmäuse zu Felde. Und, ich gestehe, ich habe zu Mutters anfänglich missachteter geflammter Kanna »Cleopatra« noch drei weitere Sorten Indisches Blumenrohr angeschafft (und schleppe allesamt jeden Herbst tapfer, wenn auch zunehmend kreuzlahm, zum Überwintern in den Keller). Zum Teufel mit meinen ach so vernünftigen, Arbeit sparenden Vorsätzen!

Mein Garten ist bunt. Kunterbunt, könnte man fast sagen. Wohl weil ich mich nicht für einige wenige Farben oder Farbkombinationen entscheiden kann. Dann müsste ich mich möglicherweise auf weniger Blumen, Stauden und Gehölze beschränken, als ich jetzt habe. Außerdem: Die Natur ist schließlich auch bunt – und gottlob blüht ja nicht alles auf einmal.

Mit fortschreitendem Alter und in Anbetracht der damit einhergehenden Begleiterscheinungen stelle ich mir immer häufiger die Frage: Warum gärtnere ich eigentlich so gern? Der Antworten sind viele: Weil ich im Garten das Leben jedes Jahr von Neuem beginnen sehe. Weil ich dort die Natur mit allen Sinnen empfinden kann. Weil Gartenarbeit kreativ ist und ich immer wieder etwas Neues dazulerne. Weil ich je nach Bedarf mein seelisches Gleichgewicht wiederfinden oder einfach mal »Dampf ablassen« kann. Weil ich am Ende eines Tages sehe, was ich geschafft und geschaffen habe und akzeptiere, dass mir die Knochen weh tun. Weil mir die Arbeit im Garten Bestätigung und Befriedigung gibt. Weil ich etwas Eigenes für den Kochtopf oder die Blumenvase produzieren kann. – Weil's einfach Spaß macht!

Ich bin sicher, dass Sie, lieber Leser und vor allem liebe Leserin, jede Menge weiterer plausibler Argumente beisteuern können.

Der Münchner Komiker Karl Valentin (der übrigens ganz in meiner Nähe, in Planegg, wohnte) hat es eigentlich über die Kunst gesagt, aber ich erlaube mir, das Zitat abzuwandeln, weil ich denke, dass es das Phänomen Garten und Gärtnern ohne Pathos genau auf den Punkt bringt: »Garten ist schön, macht aber viel Arbeit.«

Viel Freude an der Arbeit ihm Garten und beim Lesen dieses Buches wünscht Ihnen

Marianne Heilmannseder

Frühling

Es sieht finster aus in der Welt, aber es wird doch Frühling, und die ewige Heiterkeit lacht aus jeder Blume.

(Hermann Hesse)

Grüne Da(u)men quer durch die Menschheitsgeschichte

Mitte April in meinem Garten.

Krokusse, Bergenien, Tulpen, Narzissen und Traubenhyazinthen blühen um die Wette. Dazwischen sechs Kaiserkronen. So schön sie aussehen, so scheußlich empfindet meine Nase ihren Geruch. Der soll angeblich die Wühlmäuse aus den Beeten vertreiben. In meinem Fall vertreibt er die Gärtnerin.

Wie Zipfelmützen winziger Wichtel spitzen über Nacht aus scheinbar toter, schwarzbrauner Erde junge Funkienblättchen hervor. Die Astilben entrollen sich immer zügiger, und dem Tränenden Herz kann man beim Wachsen direkt zuschauen.

Pfingstrosenstauden stehen wie roter Spargel im Beet, auch die verschiedenen Hortensien zeigen jetzt, dass noch Leben in ihnen steckt. Nur bei einigen Rosen muss ich nach dem strengen Frost Anfang des Jahres endlich akzeptieren, dass meine Suche nach frischen Trieben erfolglos bleiben wird.

Das allgegenwärtige Aufkeimen und Aufblühen im Frühling mag Karel Čapek in seinem Büchlein »Jahr des Gärtners« zu der Mutmaßung veranlasst haben, dass auch ein Gärtner aus Samen, Schösslingen, Zwiebeln, Knollen oder Ablegern entstehen könnte. Tut er natürlich nicht, wie wir alle wissen. Doch wer und wie waren sie tatsächlich, die ersten Gärtner beziehungsweise – und das interessiert mich als Frau natürlich besonders – die ersten Gärtnerinnen?

Als älteste anzunehmende Gärtnerin kann, wenn überhaupt, nur Eva in Frage kommen. Aber: Hatte Eva wirklich den sprichwörtlich »grünen Daumen«? Wenn man sich den Garten Eden, das Paradies, einmal als real existierenden Garten vorstellt – und nur als solcher ist er für wahre Gärtner akzeptabel! –, dann muss die Frage mit einem eindeutigen »Ja« beantwortet werden. Allerdings, so heißt es, wuchs und gedieh in diesem Paradiesgarten alles von alleine und das auch noch in Hülle und Fülle. Kein Wort von irgendjemandes – geschweige denn Evas – Hände Arbeit. Und außerdem, wenn ich bedenke, dass unser aller Urmutter auf historischen Gemälden meist barfuß und nur von einem frivolen Schleier umweht inmitten der Botanik ruhend einen recht untätigen Eindruck vermittelt, widerstrebt es mir, Eva den Titel »Erste Gärtnerin der Menschheit« zuzugestehen.

Auch bei Hildegard von Bingen (1098–1179) bin ich mir nicht sicher, ob sie sich tatsächlich neben ihren zahlreichen Professionen wie Seherin, Prophetin, Mystikerin, Philosophin, Dichterin, Musikerin, Ärztin, Naturforscherin auch noch als Gärtnerin betätigt hat. Anhänger der Naturmedizin, deren frühe Vordenkerin Hildegard zweifellos war, hegen dahingehend zwar keine Zweifel, jedoch konnte ich keine eindeutigen Beweise finden. Natürlich sind da die Klostergärten – in ihrem Fall Didisbodenberg und vor allem Rupertsberg –, in welchen unter anderem die Heilpflanzen gediehen, von denen sie berichtet, und wo sich über Jahrhunderte ein Erfahrungsschatz hinsichtlich deren Heilkraft angesammelt hatte. Doch ist nicht anzunehmen, dass Hildegard, noch dazu von adeligem Geblüt, dort selber gesät und geerntet hat.

Blaublütig waren auch jene hochherrschaftlichen Damen, die Jahrhunderte später wegen ihres ausgeprägten Gartenfaibles in die Annalen eingingen. Sie werden zwar als Gartenliebhaberinnen oder -gestalterinnen bezeichnet, aber Gärtnerinnen nach heutigem Verständnis waren sie allesamt nicht. Die Etikette verbot ihnen derart niedrige Arbeit. Also ließen sie gärtnern.

Bei meiner kleinen Auflistung »grüner Da(u)men« möchte ich mich auf Deutschland beschränken. Und hier schritt, wie in vielen anderen Belangen, Anna von Sachsen (1532–1585), die Gemahlin

Kurfürst August I., auch in Sachen Garten entschlossen zur Tat. Sie kümmerte sich vor allem um das Vorwerk Ostra, einen über fünfhundert Hektar großen landwirtschaftlichen Betrieb, der den Dresdner Hof sowie die Stadt mit Lebensmitteln versorgte. Auch der Zwingergarten – damals ein Obstgarten – unterstand ihrem Regiment.

Mit Landwirtschaft gab sich Kurfürstin Sophie von Hannover (1630–1714) dagegen nicht ab. Vielmehr wurde unter ihrer Leitung der Große Garten der hannoverschen Residenz in Herrenhausen im Stil niederländischer Barockanlagen neu gestaltet und bis zu ihrem Lebensende auf das Vierfache erweitert.

Zu den bedeutendsten Frauengestalten des 18. Jahrhunderts hierzulande zählt Markgräfin Wilhelmine von Bayreuth (1709–1758). Dem künstlerische Multitalent verdankt die Nachwelt neben den Bayreuther Schlössern vor allem die Gartenanlagen: Hofgarten, Eremitage, Sanspareil.

Den Vogel in punkto Gartenobsession schoss aber zweifelsohne Lucie von Pückler-Muskau (1776–1854) ab. Ihr Gemahl, Hermann Fürst von Pückler-Muskau, ein Lebemann und Schwerenöter, verfolgte den Plan, in Muskau den weltgrößten und -schönsten englischen Landschaftspark zu schaffen. Bloß fehlte ihm dazu das nötige Geld. Weswegen er Lucie Gräfin von Hardenberg-Reventlow heiratete, die sich flugs von seiner Gartengigantomanie anstecken ließ. Als ihr Geld ebenfalls aufgebraucht war, bot sie ihm sogar die Scheidung an, damit sich der Fürst zwecks Fortführung des Gartenprojekts nach einer neuen betuchten Gattin umsehen könne.

Eine derart selbstlose Unterwerfung wäre Elizabeth von Arnim (1866–1941) nicht in den Sinn gekommen. Schließlich lebte sie ja auch in einer ganz anderen Zeit, vollzog den Wechsel des 19. ins 20. Jahrhundert mit. Auch bei der Gartengestaltung setzte damals ein Wandel ein. Wegbereiter dafür war England – und Elizabeth war Engländerin, ehe sie den »pommerschen Landjunker« Henning August Graf von Arnim-Schlagenthin heiratete. Auf seinem Familiengut Nassenheide erwartete sie ein verwahrloster Garten, den sie nach englischem Vorbild neu anlegte. In ihrer alten Heimat war man zur damaligen Zeit gestalterisch bereits einen Schritt weiter als im wilhelminischen Deutschland und propagierte statt mit Gewächshauspflanzen akkurat bestückter Teppichbeete den »wilden«, natürlichen Garten.

Begeistert greift Elizabeth diese Idee auf und setzt sie in die Tat um. Und am liebsten hätte sie selbst Hand angelegt, aber dazu fehlt anno 1898 die Akzeptanz. Es ist das Jahr, in dem in einem Londoner Verlag ihr erster Roman »Elizabeth and her German Garden« erscheint.

»Wenn ich doch nur selbst graben und pflanzen könnte! Um wie viel leichter wäre es und wie faszinierend, die Löcher selbst machen zu können, genau dort, wo man sie haben will, und dann die Pflanzen ganz nach Belieben einzusetzen, statt Anordnungen geben zu müssen, die nur halb verstanden werden, sobald man von den Richtlinien abweicht, die von jener langen Schnur bestimmt werden! In der ersten Wonne darüber, einen Garten ganz für mich allein zu haben, und in meiner brennenden Ungeduld, die öden Flecken Land rosig erblühen zu lassen, schlich ich mich doch tatsächlich verstohlen an einem warmen Sonntag im April letzten Jahres während der Mittagsstunde des Personals, doppelt sicher vor dem Gärtner durch den Feiertag und die Essenszeit, mit einem Spaten und einer Harke hinaus und hob fieberhaft ein kleines Stück Boden aus, wühlte die Erde um, säte heimlich Prunkwinden und rannte völlig erhitzt und schuldbewusst wieder zurück ins Haus, ließ mich in einen Sessel fallen, hinter ein Buch verschanzt, und setzte eine gleichgültige Miene auf, gerade noch rechtzeitig, um meinen guten Ruf zu retten.«

Das Buch wurde ein Bestseller und erfreut sich unter dem deutschen Titel »Elizabeth und ihr Garten« auch heute noch, nach über hundert Jahren, vor allem bei gärtnernden Leserinnen ungebrochener Beliebtheit.

In unseren Tagen ist das eigenhändige Gärtnern für Frauen längst zur Selbstverständlichkeit geworden, und manch eine hat es auch zu ihrem Beruf gemacht. Im Kleinen wie im Großen. Nur drei Beispiele für Deutschland: Gabriella Pape, international agierende Gartendesignerin und Initiatorin der Königlichen Gartenakademie in Berlin, Aglaja von Rumohr, Chefin der großen Staudengärtnerei Gräfin von Zeppelin in Sulzburg-Laufen/Baden, und last but not least Rosi Friedl mit ihrer kleinen, aber nicht minder innovativen Fuchsiengärtnerei im oberbayerischen Markt Indersdorf, bei der ich mich selber hin und wieder mit Fuchsien-Neuheiten und guten Ratschlägen eindecke.

Aber ich möchte dieses Kapitel über »grüne Da(u)men« nicht abschließen, ohne an eine ganz besondere Vertreterin dieser Spezies zu erinnern: nämlich an die 2009 verstorbene Marie-Luise Kreuter. Ich hatte die Freude, sie kennenzulernen, da wir beide für den gleichen Verlag tätig waren. Ihr ganzes Leben lang hat sich die fleißige und gescheite Journalistin für das naturgemäße Gärtnern engagiert und die im wahrsten Sinn des Wortes eigenhändigen Erfahrungen aus ihrem großen bunten Bio-Bauerngarten, zuletzt im Bergischen Land, in vielen Artikeln und Büchern für andere weitergegeben. Ihr Motto lautete: »Ich möchte etwas dazu beitragen, den Strom des Lebens lebendig zu erhalten, das Vergangene in die Gegenwart zu retten und auf diese Weise eine gute Zukunft vorzubereiten.«

Blümchenwiese kontra Englischer Rasen

Kaum hat die Frühlingssonne die letzten Schneereste aufgeschleckt und die Froststarre aus dem Boden gedampft, muss sich der Gärtner auch schon um seinen Rasen kümmern; die Beete können warten. Als Erstes ist Abrechen angesagt, eine schweiß- und muskelstimulierende Arbeit. Am besten, man sieht es sportlich, als Aufwärmgymnastik, bevor es später mit der Gartenarbeit so richtig losgeht.

Ohne anders denkenden Gartlern zu nahe treten zu wollen, aber ich persönlich mag keinen Englischen Rasen. Zumindest nicht in meinem Garten. Englischer Rasen erinnert mich immer an die Retorten-Auslegeware von Fußball- und Golfplätzen: perfekt, aber langweilig.

Die Kriterien, die ein Englischer Rasen im Privatgarten zu erfüllen hat, lauten: sattes einheitliches Grün, dichter Wuchs, akkurate Schnitthöhe von drei bis vier Zentimetern und natürlich absolutes Nichtvorhandensein jedweder Art von Wildblumen und -pflanzen.

In seiner Obsession scheut der rasenbesessene Hobbygärtner weder Zeit noch Geld. Er mäht seinen grünen Liebling ein-, wenn nicht zweimal pro Woche, sprengt ihn gewissenhaft (und ohne Rücksicht auf die Wasserkosten) und rückt vor allem heimtückisch eingewanderten Rasenunkräutern konsequent zu Leibe. Entweder mit der chemischen Keule oder in Handarbeit. Zu diesem Zweck kann man in manchen Gärten Rasenbesitzer sehen, die meditativ in sich gekehrt ihr Allerheiligstes umrunden, etwa wie fromme Pilger eine Wallfahrtsstätte. Mit einer speziellen Auswahl an Stechgerätschaften eliminieren sie Gänseblümchen, Klee und sonstige »Unkräuter«.

Wie der Name schon sagt, haben wir den Englischen Rasen von der Insel importiert. Wie überhaupt England das Mutterland der heute bei uns praktizierten Gartenkunst ist. Von den dortigen Gartenpäpsten und -päpstinnen, die im 19./20. Jahrhundert von sich reden machten, ist Vita Sackville-West (1892–1962) bei uns wohl die bekannteste. Vor allem wegen ihres Gartens von Sissinghurst Castle, der in vielen Büchern beschrieben wird und heute im Programm keiner exklusiven England-Gartenreise fehlen darf. Vita Sackville-West hat aber auch neben zahlreichen Büchern fünfundzwanzig Jahre lang Gartenkolumnen für den »Observer« verfasst. In einem ihrer Artikel über den perfekten Englischen Rasen empfiehlt sie ein Unkrautvertilgungsmittel namens »Verdone«. Sie schreibt:

»Statt allein, schlechtgelaunt und vom murrenden Ischias geplagt mit einem Pflanzenheber oder einem abgebrochenen Küchenmesser auf allen Vieren auf dem Rasen umherzukriechen, können Sie jetzt lässig flanieren, können hin und her spazieren und dabei mit einer Gießkanne Tod verteilen, während Sie sich mit den Freunden unterhalten, die zum Tee gekommen sind …

Aber ach, ich hoffe so sehr, dass solche auswählenden Unkrautvertilgungsmittel niemals am Rand unserer Landwege eingesetzt werden. Kein Mittel kann wählerisch genug sein, um wilde Veilchen und Primeln zu verschonen.«

Der letzte Absatz versöhnt mich wieder mit der großen Gartendame. Denn in meinen Augen gibt es nichts Schöneres als wilde Veilchen und Primeln, und zwar nicht nur entlang von Landwegen, sondern auf meiner Gartenwiese. Dazu noch je nach Jahreszeit Frühlingsknotenblumen, Buschwindröschen, Leberblümchen, Schlüsselblumen, Lärchensporn, Bärlauch, Gänseblümchen, Margeriten, Lichtnelken, Klee, Günsel, Hahnenfuß, Spitzwegerich und noch vieles, vieles mehr, von dem ich oft nicht mal den Namen kenne.

Ich finde, so eine Wiese sieht nicht nur wunderhübsch aus, sie ist auch ungemein pflegeleicht. Im Frühjahr einfach mit dem Rechen kräftig durchkämmen, dann wachsen lassen und erst nach dem Abblühen der Margeriten Ende Juni zum ersten Mal mähen und im weiteren Verlauf des Sommers auch nur etwa alle zwei bis drei Wochen. Und bloß nicht zu kurz, damit die Dauerblüher wie Gänseblümchen und Günsel gleich wieder zur Stelle sind.

Ich möchte noch einmal auf den Englischen Rasen zu sprechen kommen und darauf, dass er oft geradezu leidenschaftliche Anhänger hat. Dazu zählte auch eine Dame aus meinem Bekanntenkreis, die einen herrlichen Stadtgarten mit einem perfekten Englischen Rasen besaß. Als ihr mit zunehmendem Alter die Arbeit immer schwerer fiel, reduzierte sie so nach und nach: Das Gewächshaus kam weg, die Obstbäume wurden gefällt, die Blumenbeete auf ein paar wenige beschränkt. Doch der Englische Rasen blieb. Ein Gartenhelfer nach dem anderen wurde engagiert – und alle schieden im Unfrieden mit der guten Frau, denn keiner konnte es ihr bei der Pflege des Rasens recht machen. Bis sie schließlich – mit neunundachtzig Jahren – endgültig die Kraft verließ. Man riet ihr, jemand ins Haus zu nehmen, der sie und den Garten betreuen könnte. Aber: »Lieber gehe ich ins Altersheim, bevor ich hier mit anschauen muss, wie diese Person meinen Rasen ruiniert.«

Sagte es und tauschte eine komfortable Villa gegen ein winziges Appartement in einem Seniorenheim. – Und das nur wegen eines Englischen Rasens!

Vielleicht hätte sie mal besser auf Gabriella Pape hören sollen, die da schreibt: »Sei nicht Sklave deines Rasens, sondern Herr deines Paradieses.«

Pflanzenspezialisten vereinigt euch

Bereits bevor das Leberblümchen zur Blume des Jahres 2013 erkoren wurde, hatte ich ein ganz besonderes Verhältnis zu diesen anmutigen Frühjahrsblühern. In meinem Garten gedeihen sie im Baumschatten an der Uferböschung, kein Mensch hat sie je ausgesät oder angepflanzt. Zwar vermehren sie sich nur zögerlich, sind aber standorttreu und vagabundieren nicht, wie etwa Veilchen, in anderen Teilen des Grundstücks herum.

Die Tatsache, warum ich im Frühling ein besonders wohlwollendes Auge auf meine *Hepatica nobilis* werfe, geht zurück auf meinen Besuch einer Sonderschau im Botanischen Garten München-Nymphenburg, die sich speziell mit diesen ersten Frühlingsboten befasste. Eigentlich ging ich eher zufällig hin, aber bei den ersten zaghaften Anzeichen von Frühling lassen eingeschworene Gartenfreunde und -freundinnen ja bekanntlich in punkto Botanik nichts aus, was ihnen geboten wird.

Leberblümchen schön und gut, dachte ich, der hübsche blaue Farbtupfer zum Weiß der Schneeglöckchen und zum Gelb der Schlüsselblumen. Aber ob das für eine ganze Ausstellung reicht?

Es reichte – und nicht nur das: Ich war fasziniert und überwältigt. Von diesem kleinen Blümchen, das bei uns in freier Natur oft unbeachtet an Wald-, vornehmlich Buchenwaldrändern wächst, existieren allein zwölf Arten, von den zahlreichen Sorten ganz zu schweigen. Vor allem in Japan hat das Leberblümchen eine jahrhundertealte Tradition. Es wird dort liebevoll »Yukiwarison«, Blume, die den Schnee bricht, genannt und in einer Vielzahl von Farben und Formen gezüchtet.

In besagter Sonderausstellung des Botanischen Gartens, die gleichzeitig auch eine Verkaufsschau war, konnte man unter anderem die

Sorte *Yamahibiki* bewundern. Beim Preis habe ich aber erst mal meine Brille herausgeholt und noch einmal ganz genau hingeschaut. Ich hatte mich tatsächlich nicht getäuscht: 250 Euro stand da schwarz auf weiß auf dem Schildchen. Und wie mir versichert wurde, soll es gar Exemplare geben, für deren Kaufpreis man sage und schreibe einen Kleinwagen bekäme.

Es muss also auf der Welt – und nicht nur in Japan – eine größere Anzahl von Menschen existieren, die sich in dem riesigen Pflanzenuniversum ausgerechnet das Leberblümchen als Favoriten ausgeguckt haben. Irgendetwas hat sie daran derart fasziniert, dass sie alles darüber erfahren, die Blume besitzen wollen – zunächst nur ein, zwei, drei Stück, dann immer mehr und ausgefallenere Arten und Sorten. So ergeht es schließlich allen Sammlern, denn zu solchen sind die bestreffenden Pflanzenliebhaber mutiert, wenn auch in der Regel anfänglich ungewollt und unbewusst.

Auch ich kenne einige Hobbygärtner, die sich quasi mit Haut und Haaren einer ganz bestimmten Pflanzenart verschrieben haben. Sie interessieren sich nahezu ausschließlich für Päonien oder Funkien, für Dahlien oder Klematis, für Orchideen oder Rosen. Wer weiß, vielleicht versuchen sie ja auf diese Weise, das unermessliche Mysterium der Pflanzenwelt zumindest anhand einer einzigen Spezies genauer zu ergründen.

Derlei Pflanzenspezialisten tun sich gern mit Gleichgesinnten zusammen. Um solche ausfindig zu machen, gibt es heutzutage ja das Internet. Und seit vielen Jahren schon so traditionsreiche Zusammenschlüsse wie die Gesellschaft der Rosen-, der Kakteen- oder der Fuchsienfreunde etc.

In solchen »Fanclubs« sind dann die jeweiligen Pflanzenspezialisten ganz unter sich, können nach Herzenslust Neuigkeiten und Erfahrungen austauschen. Und sie treffen bei den anderen Mitgliedern ganz bestimmt auf uneingeschränktes Wohlwollen und ein offenes Ohr für ihr Lieblingsthema und nicht, wie oftmals im Kreis ihrer Lieben zu Hause, auf Ignoranz und Unverständnis und den desillusionierenden Vorwurf: »Menschenskind, kannst du nicht mal von was anderem reden?!«

Blumen in der Wohnung

Meine Mutter mochte keine Blumen im Haus. Weder einen Blumenstock noch etwas Immergrünes. Und Schnittblumen oder Blumengestecke in die Zimmer zu stellen, bezeichnete sie gar als »herzlos«. Blumen gehören nicht hinter Mauern, sondern in die Natur, lautete ihre Devise. Nicht einmal an ihrem Geburtstagsstrauß konnte sie sich richtig erfreuen, denn sie missbilligte es, dass wir dafür Blumen schnitten und so zum alsbaldigen Verwelken in der Vase verurteilten, während sie im Garten noch über Wochen geblüht hätten.

Das einzige Grünzeug, das sie entgegen ihrem eigenen Edikt im Haus duldete, ja mit Hingabe hegte und pflegte, waren ihre Geranienfechser, die über den Winter die Fensterbretter im Flur und Gästezimmer blockierten und zu denen sich ab Februar in Küche und Esszimmer die Anzuchtbehälter für Gemüse- und Blumenpflanzen gesellten.

Ich hingegen kann mich bei der Aufzucht von Jungpflanzen in der Wohnung beherrschen, respektive scheine ich dafür kein glückliches Händchen zu besitzen. Nachdem ich in der Vergangenheit neben Ungeziefer meist bleichsüchtige Kümmerlinge erzeugt habe, die den Abbildungen auf den Samentütchen nur entfernt ähnelten, habe ich die Eigenproduktion eingestellt.

Dagegen schmücke ich mit Begeisterung und rund ums Jahr sämtliche Räume mit blühenden oder grünenden Topfpflanzen; sogar auf dem Klo darf ein Schwertfarn neben einem Usambaraveilchen grünen. Ganz besonders liebe ich Blumensträuße. Wer mich gut kennt, weiß das und damit auch, was er mir gegebenenfalls mitzubringen hat. Jemandem, der mich nicht gut kennt, mag der Gedanke, einer Gartenbesitzerin einen Blumenstrauß zu schenken, wohl so ähnlich vorkommen wie Eulen nach Athen tragen.

Ich will aber gar nicht erst warten müssen, bis mir jemand einen Blumenstrauß schenkt, ich kann ihn mir ja selber kaufen oder, weit besser: pflücken. Im eigenen Garten oder auf meinen ausgedehnten Spaziergängen. Dabei finde ich in Wald und Wiese übrigens vom Frühjahr bis in den Spätherbst hinein die vielfältigsten »Unkrautblumen«, die zusammen mit Gräsern wunderschöne Sträuße ergeben.

Ob Frühlings- oder Feldblumen, Rosen, Gladiolen, Sommerblumenmix – all diese Sträuße brauchen ihre ganz speziellen Behältnisse: niedrig oder hoch, bauchig oder schlank, aus Glas oder Keramik. In punkto Material ist alles erlaubt, was gefällt, es muss nur eines sein: wasserundurchlässig. Und es braucht absolut keine handelsübliche Vase zu sein. Tolle Effekte lassen sich beispielsweise mit einer alten bemalten Porzellan-Kaffeekanne oder der verbliebenen Suppen- oder Soßenschüssel aus Omas Aussteuerservice erzielen. (Dumm nur, dass man diese Teile oft längst entsorgt hat.) Ebenfalls hipp sind – nicht zuletzt auch für Garten und Terrasse – Blechkanister, in denen sich dem Aufdruck nach zu urteilen einmal »Olio Extravergine di Olivia«, »Ceylon Tea« oder sonst was befunden hat. Übrigens: Auch Zinkwannen, die man selbst längst dem Sperrmüll übereignet hat und die einem nun wieder beim Trödler und auf Gartenmärkten (oftmals zu geradezu unverschämten Preisen) begegnen, stehen als Pflanzgefäße hoch im Kurs.

Damit die einzelnen Pflanzen und Blüten richtig zur Geltung kommen, muss ein Blumenstrauß in seinem Gefäß natürlich hübsch arrangiert werden. Es klingt absurd, aber ich kenne Hobbygärtnerinnen, die gartenarchitektonisch geradezu Erstaunliches leisten, aber einen Blumenstrauß kurzerhand wie einen Rasierpinsel in die Vase stülpen, ohne noch einmal ordnend an ihm herumzuzupfen.

Es gibt aber auch solche Blumenfreunde, die beim Arrangieren von Sträußen und Gestecken ins entgegengesetzte Extrem verfallen. Man begegnet ihren Kreationen vor allem auf den Hochglanzfotos der Gartenzeitschriften und in einschlägigen Fernsehsendungen. Da werden Pflanzen und Blüten mit Hölzern, Steinen, Moos, Filz, Bast etc. kombiniert – der Einfallsreichtum kennt keine Grenzen. Hier als Beispiel drei fiktive Frühlingsvariationen: Narzissen an Baumwurzel, garniert mit einem Birkenzweig; Tulpen im Kiesbett mit Blattwerkallerlei; Krokusse in Gläsern, dazu Korkenzieherhasel.

Alles recht und schön und Kompliment zu so viel floristischer Kreativität. Aber einmal abgesehen davon, dass sich nicht in jeder Wohnung der geeignete Platz für so ein aufwendiges und, sofern nicht selber komponiert, auch recht teures Teil findet – auf die Pflanzen und Blüten wird im Interesse der Gesamtoptik oft wenig Rücksicht genommen. Mit Draht stranguliert, um sie in die richtige Position zu zwingen, sollen sie manchmal nur mit ein paar Tropfen Wasser aus dem Reagenzglas ihren Durst stillen. Mitunter sind auch Blumenzwiebeln als optischer Gag einfach nur lose auf dem Gebilde verteilt, ohne in einer Handvoll Erde Fuß fassen zu können.

Bei so einem Anblick wird in mir noch nach Jahrzehnten die Erinnerung an meine Mutter und ihre Abneigung gegen Blumenschmuck in der Wohnung lebendig. Und ich weiß nicht so recht, ob ich die floristischen Exaltiertheiten unserer Tage wirklich schön oder im Interesse der verarbeiteten Pflanzen eher »herzlos« finden soll.

Gärtnerschreck: die Eisheiligen

Die Eisheiligen sind auch nicht mehr das, was sie einmal waren. Nämlich die Garantie dafür, dass sie alljährlich Mitte Mai mit Regen, Kälte und Nachtfrösten den frisch gesäten und gepflanzten Blumen- und Gemüsehoffnungen übereifriger Gärtner den Garaus machen. Darauf war noch vor annähernd dreißig Jahren absolut Verlass. Dann begannen sich die Eisheiligen anscheinend nach und nach der allgemeinen Klimaerwärmung unterzuordnen, und ich erinnere mich an mehrere »eisheilige« Tage in den zurückliegenden Jahren, an denen man – zumindest im Raum München – bei frühsommerlichen Temperaturen aufs Angenehmste im Garten sitzen konnte.

Ab und zu scheinen sich die Wetterheiligen jedoch auch in jüngster Zeit wieder auf ihre eigentliche Bestimmung zu besinnen und lassen das Thermometer kurzzeitig oder auch für mehrere Tage unter null Grad absinken oder es gar schneien. Da herrscht dann großes Wehklagen unter den Gartlern, die dem immer zeitiger offerierten Komplettangebot im Gartencenter nicht widerstehen konnten und bereits Mitte April ausgepflanzt haben. Des einen Leid, des andern Freud – die holländische Blumenmaffia will schließlich auch leben und sorgt flugs für Nachschub.

Mit den Eisheiligen geht auch alle Jahre wieder, am zweiten Sonntag im Mai, der Muttertag einher – ein absolutes Blumen-Muss! Männer jeden Alters, die man ansonsten auf der Straße höchstens mit dem Handy oder dem Coffee-to-go-Pappbecher antrifft, halten an diesem Tag verschämt einen dieser plastikumrüschten Fertigsträuße aus dem Supermarkt in der Hand.

Mein Vater pflegte meiner Mutter regelmäßig sechzehn Geranienstöcke zu schenken. Die sollten nach den Eisheiligen die Eternitkästen auf den vier Steinsäulen des Mittelbalkons am Haus meiner

Kindheit schmücken. Auch wenn seitdem viele Jahrzehnte vergangen sind, erinnere ich mich heute noch jeden Muttertag daran. Vater, zumindest in diesem Punkt pragmatisch denkend, sah keinen Sinn darin, Geld für extra »Muttertagsblumen« zu vergeuden, vielmehr sollte die Anschaffung einem nachhaltigen Verwendungszweck zugeführt werden. Wie meine Mutter zu diesem jährlich wiederkehrenden Ritual stand, weiß ich nicht. Sie behielt ihre Gedanken darüber, wie über so vieles andere auch, weise für sich.

Je nach Region werden die Eisheiligen auch »Die drei Gestrengen«, »Gestrenge Herren« oder »Eismänner« genannt. Und je nach Region sind es deren drei bis fünf, wobei sich in Süddeutschland auch eine Dame zu ihnen gesellt. Pankratius (12. 5.), Servatius (13. 5.) und Bonifatius (14. 5.) bilden sozusagen den harten Kern. In Norddeutschland wird ihnen noch der heilige Mamertus (11. 5.) zugesellt und hierzulande die sogenannte Kalte Sophie, deren Namensfest auf den 15. Mai trifft.

Alle fünf Wetterheiligen waren übrigens Märtyrer des 3./4. Jahrhunderts. Die Schuld an dem Kälteeinbruch Mitte Mai darf man diesen frühchristlichen Glaubensboten jedoch nicht in die Schuhe schieben. Ihre im Kirchenkalender festgelegten Gedenktage treffen nur fatalerweise mit einer zu diesem Zeitpunkt häufigen Nord/Nordost-Wetterlage zusammen, die Kaltluft in unsere Breitengrade bringt. Nach dem Gregorianischen Kalender von 1582 ist mit den Eisheiligen um den 13., nach dem älteren Julianischen Kalender erst um den 20. Mai zu rechnen. In jedem Fall aber gilt folgende bayerische Spruchweisheit:

Pankrazi, Servazi, Bonifazi
sind drei frostige Bazi,
und zum Schluss fehlt nie
die Kalte Sophie.

Alle Vögel sind schon da

Spätestens Ende April/Anfang Mai sind meine Gartenvögel wieder vollzählig – zumindest artenmäßig. Sofern sie im sonnigen Süden nicht den Vogelfängern auf den Leim, in die Netze oder vor die Flinte geflogen sind, kehren zu diesem Zeitpunkt die »Winterfrischler« zurück: Wacholderdrossel, Star, Gartenrotschwanz, Mönchsgrasmücke, Zilpzalp, Singdrossel. Zusammen mit ihren zu Hause gebliebenen Kollegen Amsel, Buch- und Grünfink, Zaunkönig und Rotkehlchen sowie den diversen Meisenarten ist dann auch der Chor meiner gefiederten Sängerknaben wieder komplett.

Darauf freue ich mich jedes Jahr den ganzen Winter über, ja eigentlich schon seit dem Spätsommer, wenn sie ihr Liederrepertoire für die laufende Saison beenden. Den ersten Amselgesang des Jahres notiere ich sogar im Kalender. 2014 war der, bedingt durch außergewöhnlich vorfrühlingshafte Temperaturen, übrigens bereits am 8. Januar.

Ab März legen die Vögel dann immer mehr los. Nicht mir zuliebe – Partnersuche ist angesagt, und da scheint ein begabter Troubadour die besseren Chancen zu haben. Bereits im Spätherbst habe ich einen meiner sporadischen Gartenhelfer auf die Leiter beordert, um die alten Nester aus den Vogelhäuschen zu räumen. Jetzt, im frühen Frühjahr, muss Ersatz für kaputt gegangene beschafft werden. Im Gartencenter gibt es jede Menge Nisthilfen: große und kleine, aus unterschiedlichen Materialien und in artgerecht ausgetüftelten Bauweisen. Doch nach welchen Kriterien sich die Vögel ihre Behausungen tatsächlich auswählen, hat sich mir bis heute nicht erschlossen.

Der Kleiber sucht sich garantiert den Kasten mit dem allergrößten Einflugloch und verbringt dann Tage und Wochen mit dem Zukleistern desselben. Stare nisten anstatt in den ihnen zugedachten Häusern lieber in Baumhöhlen drüben im Stadtpark; dafür baut die

Amsel regelmäßig ihr Nest auf dem Holzdach des dienstältesten Starenkobels. Meisen sind besonders kreativ und nisten entweder im Briefkasten oder gar, wie letztes Jahr, im Sicherungskasten eines nahen Baucontainers. Dort hat ein Kohlmeisenpärchen, anscheinend unbeeindruckt von Lärm und Staub, gleich zweimal Junge großgezogen. Sollte der Briefkasten in dieser Saison nicht okkupiert werden, darf man wahrscheinlich die Türe des Gerätehäuschens nicht mehr zumachen, weil sich drinnen in der hintersten Ecke ein Zaunkönig eingerichtet hat.

Am meisten bevorzugen so ziemlich alle frei bauenden Vogelarten in meinem Garten die efeuberankte Pergola. Hier entdecke ich in manchem Spätsommer – wenn ich endlich wieder uneingeschränkten Zutritt habe, um das Gewucher zu beschneiden – bis zu vier Vogelkinderstuben unterschiedlichster Bauweise, allesamt wahre Meisterwerke der Flechtkunst. Eigentlich wurde die Pergola ja errichtet, damit man dort an warmen Sommertagen gesellig beisammensitzen kann. Aber dazu kommt es nur selten, weil die Vogeleltern auf ihrer Privatsphäre bestehen. Als Gartenbesitzer muss man für die großzügige Hilfe bei der Ungezieferbekämpfung und das morgendliche Standkonzert eben ein paar Zugeständnisse machen.

Mein absoluter Lieblingsvogel ist das Rotkehlchen und heißt Franziskus. Seit vielen Jahren schon, obwohl es sich zwischenzeitlich dabei um den x-ten Nachfahren handelt. Über die Herbst- und Wintermonate lebt Franziskus allein in seiner Thujenhecke, im Frühling lockt er sich von irgendwoher ein Weibchen herbei und zieht Nachwuchs auf – um allesamt gleich danach wieder in die Wüste zu schicken und bis zum nächsten Frühjahr sichtlich entspannt seinem Einsiedlerleben zu frönen. Franziskus singt am liebsten sehr früh und sehr spät am Tag, vielleicht, weil er dann als Solist so richtig zur Geltung kommt. Sein etwas abgehacktes, wehmütig-melodisches Lied klingt so, als würde er Fragen in die Luft stellen, um dann kurz hinter ihnen herzulauschen, ob wohl eine Antwort darauf käme. Auch ist er sehr zutraulich und neugierig. Wenn ich im Garten arbeite, ist er – außer beim Rasenmähen – stets in meiner Nähe. Insbesondere beim Graben, Hacken und Unkrautzupfen, um sofort zur Stelle sein zu können, wenn ich einen Leckerbissen für ihn zutage fördere.

Obwohl sein Lieblingsvogel die Lerche gewesen sein soll, habe ich den heiligen Franz von Assisi zum Namenspatron meines Rotkehlchens auserkoren (und dies bereits lange bevor wir einen Papst gleichen Namens bekommen haben). Schließlich wird er auf Gemälden umgeben von den unterschiedlichsten Vögeln dargestellt. Dies geht auf die legendäre Vogelpredigt zurück, in welcher er seine »Brüder Vögel« anhielt, ihren Schöpfer zu loben und zu preisen, da dieser ihnen alles gegeben hat, was sie brauchen.

Der heilige Franziskus liebte die Natur und alle Pflanzen und Lebewesen darin in besonderer Weise, weil er in ihnen die Schöpfung Gottes sah. In seinem berühmten Sonnengesang heißt es unter anderem:
»Gelobt seist du, mein Herr, / für unsere Schwester Mutter Erde, / die uns erhält und lenkt und vielfältige Früchte hervorbringt, / mit bunten Blumen und Kräutern.«
Wer so denkt, der legt auch einen Garten an. Franziskus gab dazu sogar genaue Anweisungen. Und zwar sollten im Klostergarten nicht nur Nutzpflanzen angebaut werden, sondern auch wohlriechende Kräuter und schöne Blumen. Allerdings nicht zur profanen Ergötzung, sondern auf dass ein jeder durch ihre Betrachtung Gott preisen möge. – Manch einer von uns Gärtnerinnen und Gärtnern tut dies bis auf den heutigen Tag.

Gartenschauen – Disneyland für Freizeitgärtner

Der Mai ist gekommen, die Bäume schlagen aus … Das tun sie zwar schon seit Wochen, aber jetzt sprießt, grünt und blüht alles durch- und miteinander und gegeneinander an, sodass man kaum mit dem Schauen nachkommt. »Halt, nicht so geschwind!«, möchte ich den Pflanzen am liebsten zurufen. Auf dass mir mehr Muße bliebe, mich an Tulpen und Strauchpäonien zu erfreuen, bevor Flieder und Rhododendron ihren Auftritt haben.

Spätestens im Mai starten auch alle Jahre wieder die Gartenschauen. Abgesehen von der legendären und für den oberbayerische Durchschnitts-Hobbygartler unerschwinglichen Londoner Chelsea Flower Show, werben bei uns Landes-, Bundes- und Internationale Gartenschauen um die Gunst der Besucher. Und die strömen in wahren Heerscharen herbei, egal, in welcher Region das Spektakel stattfindet.

Das Gleiche gilt für Gartenmärkte, Gartenmessen, Gartentage und ähnliche grüne Publikumsmagneten, die sich seit Jahren vermehren wie Giersch oder Geranium im heimischen Blumenbeet. Bei diesen Event-Verkaufsausstellungen, die gerne in Höfen und Gärten altehrwürdiger Schlösser und Klöster abgehalten werden, scheinen die Veranstalter insbesondere die Lieblingsbeschäftigung von Frauen im Auge zu haben: Schauen und Shoppen. Und ihre Rechnung geht auf. Um so ein Gartler-Disneyland besuchen zu dürfen, zahlt man klaglos einen Eintrittspreis bis annähernd zehn Euro pro Person, um anschließend für Pflanzen anzustehen, die im Gartencenter oftmals billiger zu haben wären.

Ich will nicht lästern, gehöre ich doch auch – und dies seit der ersten Stunde – zu den Gartenschau-Süchtigen. Als Münchnerin habe ich noch dazu einige der bekanntesten und beliebtesten gleich vor der Haustüre, die ich alle Jahre wieder mit gleichbleibender

Begeisterung besuche. Zum Auftakt an Pfingsten die Fürstenfelder Gartentage, im Juni folgt die Rosenschau im Botanischen Garten München-Nymphenburg, und im September treffe ich schließlich manchmal im Planegger Schlosspark einige der viel und weit gereisten, jetzt leicht erschöpft wirkenden Pflanzen wieder. Ich kann ihnen die stumme Bitte um ein paar Quadratzentimeter soliden Mutterbodens, in den sie ihre müden Wurzeln senken möchten, geradezu ansehen – und selbstverständlich nicht widerstehen.

Also kaufe ich zu einer Zeit, in der andere im Sommerurlaub an ihren Garten zu Hause keinen Gedanken verschwenden, Aurikeln und Kaukasische Vergissmeinnicht unter dem Motto: »Der nächste Frühling kommt bestimmt«, und »a bissl was geht immer« auf meinem geräumigen Grundstück. Weit gefährlicher können mir allerdings die ersten Gartenschauen im Frühjahr werden, wo ich mich nach fünfmonatiger Gartenabstinenz, ausgehungert wie nach einer Nulldiät, auf alles Blühende stürze, das ich tragen kann.

Ach ja, wenn nur diese mühselige Schlepperei zum Auto nicht wäre! Sie ist der Wermutstropfen einer jeden Gartenschau, vor allem dann, wenn man erst im Lauf des Tages eintrudelt. Wer zu spät kommt, den bestraft das Leben auf einem Gartenmarkt insofern, als er zum Parken auf eine saure (und bei Regen entsprechend matschige) Wiese dirigiert wird. Ab Mittag immer noch weiter hinten. Als Stadtmensch hat man ja eine gewisse Routine im Wiederfinden seines Autos auf einem brechend vollen Großparkplatz; das Ganze gestaltet sich jedoch durch die im Kaufrausch erstandene Menge an Pflanzen als kleine Expedition. Rechts und links an der Hand reißfreudige Plastiktüten mit stacheligem oder sperrigem, auf jeden Fall aber fragilem Inhalt, dazu vielleicht auch noch ein Kind oder Enkelkind …

Auf einigen Märkten kann man zwar Leihwägelchen mieten, muss sie aber den ganzen langen Weg wieder zurückkarren. Die Mitnahme eines Henkelkorbs oder Rucksacks erweist sich nur beim Einkauf weniger oder kleinerer Pflanzen als hilfreich. Und so wünsche ich mir bei jedem Gartentage-Besuch im Stillen eine Kraxe – eine jener geräumigen und stabilen Rückentragevorrichtungen, die unsere Altvordern zum Transport von Waren benützt haben.

Wer schon einmal einen Gartenmarkt besucht hat, weiß, dass dort nicht nur Gärtnereibetriebe und Gartengestalter ausstellen. Das Angebot umfasst darüber hinaus eine Menge mehr oder weniger Nützliches für Garten und Gärtner. Neben Geräten, Möbeln, Brunnen, Feuerstellen und Accessoires aus Metall, Holz und Keramik scheinen in den letzten Jahren insbesondere Insektenhotels und Hochbeete »in« zu sein (letztere bis zum stolzen Preis einer Fertiggarage). Und ein Gartenmarkt ohne Modeschmuck, Bärlauchpesto, Schafmilchseife und Hüte ist geradezu undenkbar. Hüte sind überhaupt der Renner, ja ich möchte wetten, dass manche Hutabteilung im Kaufhaus in einer Woche nicht so viele probierfreudige Kaufanwärterinnen zählt wie der Hutstand auf einem Gartenmarkt an einem sonnigen Tag.

Natürlich darf auch das Kinderprogramm nicht fehlen und ganz wichtig: die Verköstigung. Schauen und Shoppen machen schließlich hungrig und durstig. Live-Musik hilft einem wieder auf die Beine. Und die absoluten Musterschüler/innen unter den Besuchern arbeiten sich auch noch durch die angebotenen Fachvorträge, Workshops und Podiumsdiskussionen.

Es liegt auf der Hand, dass so ein Gartler-Disneyland nicht zum Nulltarif zu haben ist: Eintritt, Einkehren, vor allem aber der Einkauf – da läppert sich so einiges zusammen. Weil die meisten Verkaufsstände verständlicher- oder glücklicherweise über keine EC-Kartenmaschinen verfügen, muss man also genügend Bargeld dabei haben. Doch was man zu Hause für absolut genügend befunden hat, wird sich vor Ort oft als viel zu wenig herausstellen. Da muss man eben auf die eine oder andere Verlockung verzichten – und das ist gut so, wie sich im Nachhinein in der Regel zeigt.

Abschließend noch ein wohlgemeinter Ratschlag: Wenn Sie jemand zu einem Gartenmarkt begleiten will, dann fragen Sie die betreffende Person unbedingt, ob sie auch genügend Geld eingesteckt hat – egal, ob es sich um ein Familienmitglied oder die beste Freundin handelt, die überhaupt keinen Garten besitzt. Denn erfahrungsgemäß können sich oftmals auch Menschen, von denen man es nie erwartet hätte, nicht der allgemeinen Gartentage-Euphorie entziehen und zeigen sich plötzlich wild entschlossen, wider bessere Vernunft einen Springbrunnen oder eine Kletterhortensie zu erstehen. Und dann kommt unweigerlich die Frage: »Kannst du mir wohl ein bisschen Geld leihen?« Sagen Sie »Ja«, müssen Sie sich selber den einen oder anderen Kauf verkneifen; sagen Sie »Nein«, werden die zwischenmenschlichen Beziehungen für einige Zeit zumindest getrübt sein.

Der Garten als Gesundheits- und Therapiezentrum

Schon drinnen im Gartencenter waren sie mir aufgefallen: eine gepflegte ältere Dame neben einem kleinen, gebückt gehenden alten Herrn, der geschäftig schnaufend einen übervoll mit Geranien, Petunien, Margeriten und anderen Gartenblumen beladenen Einkaufswagen schob. Auf dem Parkplatz sah ich das Paar wieder, als der Mann den Einladeservice befehligte. Man kannte sich offensichtlich, denn der Helfer fragte: »Und Sie machen Ihren Garten immer noch selber?« Antwort: »Ja klar! » »Und dabei wird mein Mann heuer schon zweiundneunzig«, ergänzte die Frau. Daraufhin äußerste der Helfer das gebotene respektvolle Erstaunen und hievte den alten Herrn mit geübtem Griff auf den Bock seines BMW X 5. Ende der Geschichte.

Warum ich die erzähle? Ganz einfach: Sie ist ein hervorragendes Beispiel dafür, dass Gartenarbeit jung und fit erhält. (Zugegeben: zweiundneunzigjährige Hobbygärtner sind nicht gerade der Normalfall.)

Auch ich kann als Prototyp gelten. Mit meinen vierundsiebzig Lenzen fühle ich mich den ganzen Sommer über gesund; bis auf Arthrose, Muskelkater und ab und an ein Hexenschuss fehlt mir nichts. Kaum habe ich aber im Spätherbst Rechen und Schubkarre abgestellt, um mich über die Wintermonate dem gärtnerischen Dolcefarniente zu widmen, steigt mein Gewicht an, desgleichen Blutdruck und Blutzuckerspiegel. Obwohl ich jeden Tag eine gute Stunde spazieren gehe – es ist halt doch nicht dasselbe.

Aber nun ist er wieder da, der Frühling, und damit mein Trimm-dich-Parcours, der Garten, eröffnet. Üblicherweise erledigt man ja Gartenarbeiten dann, wenn sie gerade anstehen: Pflanzen, Gießen, Ausgrasen, Düngen, Ausschneiden, Mähen, Roden – all das unterliegt gewissen jahreszeitlichen und witterungsbedingten Zwängen. Trotzdem, so finde ich, sollte man sich aber genügend Spielraum für eine individuelle Einteilung lassen. Auch das fördert die Gesundheit, nämlich die der Seele.

Ich persönlich bepflanze besonders gern dann Töpfe oder Beete neu, wenn mein inneres Gleichgewicht gerade mal wieder etwas aus den Fugen geraten ist. Man kann einfach nicht länger traurig, deprimiert, gekränkt oder sonst was sein, wenn man beispielsweise Stiefmütterchen in einen Weidenkorb setzt, um diesen dann als fröhlich-bunten Willkommensgruß vor die Haustüre zu stellen.

Habe ich mich dagegen mächtig geärgert und bin stinksauer auf irgendwen oder über irgendwas, klappt es mit dem Mähen und Roden ganz besonders gut. Wut verleiht ungeahnte Kräfte, die man bei solchen oder ähnlichen Arbeiten sinnvoll einsetzen kann.

Die Gartenarbeit, der Garten an sich als Lebensschulung und Therapie? Ich denke, ja.

Seine pädagogische Funktion ist unumstritten. Gertrude Jekyll (1843–1932), die Schöpferin des »englischen Bauerngartens« schreibt: »Ein Garten ist ein wunderbarer Lehrer. Er lehrt Geduld und die Gabe zu warten, er lehrt Fleiß und Sparsamkeit, aber vor allem lehrt er grenzenloses Vertrauen.« Ja, und er lehrt auch Pflichtbewusstsein und Verantwortung für die Scholle und alles, was darauf wächst und gedeiht. Glücklich jene Kinder, die in einem Garten aufwachsen dürfen und schon frühzeitig spielerisch zur Gartenarbeit angehalten werden. Und manch einem Junkie oder anderem Tunichtgut hat therapeutisch angewandte Gartenarbeit schon neue Perspektiven vermittelt.

»Die Düfte treten das Pedal in der Blumenmusik«, formuliert es Karl Foerster (1874–1970), der große deutsche Staudengärtner und Gartenphilosoph. Und gerade für Blinde bilden ja Riechen, Berühren und Schmecken den ausschließlichen Zugang zu Blumen und Pflanzen. Schön, dass dieser Aspekt auch in der einen oder anderen öffentlichen Gartenanlage berücksichtigt wird. So gibt es zum Beispiel in München, im Städtischen Rosengarten an der Isar, einen kleinen Tastgarten, wo sehbehinderte Menschen den Namen der Pflanzen in Blindenschrift erfühlen und die dazugehörigen Blumen an ihrem Duft erkennen können.

Für Reha-Patienten und Kurgäste unvorstellbar wäre beispielsweise ein Aufenthaltsort ohne Kurparkanlage. Wenn auch die Garten-Therapie in diesem Fall eher passiver Natur ist – will heißen, man werkelt da nicht eigenhändig herum, sondern genießt die Arrangements von Pflanzen und Blumen beim erholsamen Flanieren.

Ganz besonders günstig wirkt das »Therapiezentrum Garten« auf ältere Menschen. Ich kann dies aus eigener Erfahrung bestätigen.

Und je älter ich werde, desto mehr erinnere ich mich in diesem Zusammenhang an meinen Vater, der bis weit in seine Achtzigerjahre im Garten tätig war. Wie er bücke auch ich mich jetzt nicht mehr so elastisch wie früher und schraube das Tempo wie auch die Ansprüche an mich und den Garten herunter. Ich genieße die Jahreszeiten, die Sonnenstrahlen, das Werden, Blühen und Vergehen im Garten noch intensiver und bewusster als in jüngeren Jahren. Auch wenn ich an manchen Tagen keine allzu große Lust zum Garteln habe, raffe ich mich doch auf, zupfe hier, hacke da, schaue dort und entwickle wieder neue Pläne. Wenn ich dann nach ein paar Stunden ins Haus gehe, bin ich mit mir und der Welt wieder im Einklang. – Und ich weiß jetzt auch endlich, warum mir das Kreuz weh tut. Der deutsche Schriftsteller, Maler und Gartenliebhaber Hermann Hesse (1877–1962) wünscht sich übrigens in seinem Gedicht »Der Gärtner träumt« von der Traumfee » … jeden Abend einen neuen Rücken«. Mit diesem Wunsch spricht er sicherlich allen älteren Gärtnern (und nicht nur diesen) aus der Seele.

Ich möchte noch ein bisschen bei Hermann Hesse verweilen, der im Lauf seines Lebens mehrere Gärten besessen und mit großer Leidenschaft bearbeitet hat. Der letzte lag im Tessin, oberhalb des Dorfes Montagnola. In diesem Garten stand nicht so sehr die Arbeit im Vordergrund, er half dem Dichter vielmehr über manch dunkle Stunden hinweg, die ihm ein schmerzhaftes Augenleiden bereiteten. Hesse schreibt über diesen Zustand in einem Brief:

»Zur Zeit geht es mir schlecht … Aber doch bringt jeder Tag eine Stunde, wo ich etwa jätend in einem Gemüsebeet knie oder draußen ein wenig Aquarell male und wo die Schmerzen und alles untergeht und ich, wenn ich hübsch still halte, für Augenblicke die Harmonie der Welt in den Gräsern singen höre.«

Gärtnern auf Balkonien

»Was wolln denn die da, die verstengan eh nix davo, weil s' dahoam nur an Balkon ham!« Soweit der Dialekt-O-Ton eines – milde ausgedrückt – unkollegialen Münchner Gartenbesitzers über ein Ehepaar, das wie er und ich im Frühjahr an einem Kurs über den richtigen Baumschnitt teilnahm.

Was soll das heißen: »nur« einen Balkon? Mit viel Freude denke ich noch heute an die Jahre zurück, in denen ich »nur« einen Balkon mein Eigen nennen durfte. Diese Erinnerung überkommt mich insbesondere dann, wenn mal wieder die Arbeit wie auch die Kosten, die mir mein jetziger großer Garten beschert, überhand zu nehmen scheinen. Oder wenn ich, beflügelt durch das schöne Wetter, bereits Anfang April die Topfpflanzen aus dem Wintergarten ins Freie geräumt habe, um sie dann bei Frostwarnung mühsam wieder hineinzuschaffen. Als Balkongärtner deckt man in so einem Fall einfach eine Folie drüber – basta!

Eine Vorstufe zum Balkon stellt bereits der Blumenkasten am Fenster dar. Was sich darin alles an schier überquellend blühender bunter Farbenpracht hervorbringen lässt, zeigt sich hierzulande vor allem in der Alpen- und Voralpenregion. (Nicht umsonst nennt man auch die blumengeschmückten Mieder der weiblichen Festtagstracht »Balkon«.)

Ein Balkon wird immer der Wohnraumfläche hinzugerechnet; man genießt durch ihn schließlich mehr Wohnkomfort – und zahlt entsprechend dafür. Umso unverständlicher ist mir, wie manche Leute ihren Balkon allem Anschein nach lieber als Outdoor-Rumpelkammer benutzen, als sich dort eine hübsche grüne Oase zu schaffen.

Gärtnern auf Balkonien muss zwangsläufig in Behältnissen erfolgen: Kästen, Kübel, Töpfe, Körbe – jedes Hohlmaß kommt dafür in Frage, sofern es einen Abfluss besitzt. Ansonsten sind der Kreativität, ebenso wie im Garten, keinerlei Grenzen gesetzt. Und genauso wie im Garten ist natürlich auch bei der Balkonbepflanzung auf Standort (Sonne/Schatten) und Substrat zu achten.

Meiner Meinung nach wird der Begriff »Balkonblumen« ja sehr einseitig ausgelegt. Für die meisten sind das anscheinend nahezu ausschließlich Geranien, Geranien und nochmals Geranien. Um nicht falsch verstanden zu werden: Ich habe absolut nichts gegen Geranien, es gibt sie ja auch in jeder Menge Sorten und Farben. Und wenn sie nicht gleich am Anfang der Saison vom Dauerregen zermatscht werden, garantieren sie eine Nonstop-Blüte von April/Mai bis zu den ersten Frösten im November/Dezember.

Wie im Garten tun sich auch auf dem Balkon weit mehr Pflanzspielräume auf, als die meisten Hobbygärtner je ausnützen. Sehr viel mehr sogar, denn man kann auf dem Balkon nicht nur in der Horizontalen, sondern auch in der Vertikalen planen. Nach den Frühjahrsblühern sind beispielsweise Petunien, Margeriten, Lavendel, Edellieschen, Mittagsblume, Kapuzinerkresse für die Kästen und Kübel unten am Boden angesagt, während Clematis, Kletterrose, Geißblatt, Dipladenie, Trichterwinde oder Glockenrebe an Rankhilfen nach oben wachsen können. Sogar kleine Obstbäume lassen sich in Kübeln ziehen. – Übrigens: Das eingangs erwähnte Ehepaar, das sich für den richtigen Baumschnitt interessierte, hat einen Kirschbaum auf seinem Balkon stehen und freut sich jedes Jahr von Neuem darüber, zuerst über die wunderschönen Blüten und später über die süßen Früchte.

Total angesagt ist seit einigen Jahren auch der Gemüseanbau auf Balkonien. Neben dem obligatorischen Topf mit Schnittlauch oder Basilikum gedeihen im Blumenkasten Pflücksalat und Mangold munter zwischen Elfenspiegel und Zauberglöckchen. Oder wie wär‘s mit einem Spalier aus Feuerbohnen, das gleichzeitig Sichtschutz bietet?

Oder mit Zucchini und Melonen, die zudem noch äußerst dekorative Blüten entwickeln. Sogar die große englische Gartengestalterin Gertrude Jekyll dachte schon zu damaliger Zeit über den rein ästhetischen Wert von Nutzpflanzen nach: »Rettich würde nette Akzente aus grünen Büscheln setzen, und Rhabarber ist ohnehin eine der dekorativsten großblättrigen Pflanzen, die wir haben.« Längst befördert heutzutage der Pflanzenhandel den Gemüsetrend auf Balkonien, indem er unter anderem spezielle Balkontomaten anbietet. (Ich habe übrigens vor Jahren eine solche aufs Fensterbrett meines sehr sonnigen Redaktionsbüros gestellt und einen ganzen Sommer lang täglich davon geerntet – sehr zur Freude meiner Kollegen.)

Ich kenne eine Dame, die auf einem Mietshausbalkon durchschnittlicher Größe ausschließlich Tomaten zieht: Fleischtomaten, Strauchtomaten, Cocktailtomaten, kleine und große, runde und längliche, in Rot, Gelb und Grün und in insgesamt neun Sorten! Vor langer Zeit hat sie einmal so en passant damit angefangen, dann immer mehr Spaß daran bekommen, und heute muss sie schauen, dass ihr die Pflanzen nicht im wahrsten Sinn des Wortes über den Kopf wachsen. Ihren Sitz- und Essplatz haben sie sowieso längst annektiert; bis auf einen Regiestuhl und einen Hocker, der als Tisch herhalten muss, passt nichts mehr zwischen den Tomatendschungel. Aber das stört die gute Frau nicht.

Das gleiche Schicksal ereilte auch einen jungen Mann in einem Hochhausappartement ganz in meiner Nähe. Er hat aus seinem Balkon im Lauf der Jahre ein kleines, aber weithin sichtbares Arboretum gemacht. Seine Hauptfavoriten sind Koniferen, die sich zwischenzeitlich zu einem Miniwald entwickelt haben.

Wie man sieht: Alles ist möglich auf Balkonien. Aber bevor Sie nun spontan damit beginnen, dort vielleicht Ihren privaten Weinberg anzulegen, sollten Sie im Falle einer Mietswohnung vorher doch besser bei der Hausverwaltung nachfragen, inwieweit eine Bepflanzung überhaupt zulässig ist.

Und noch etwas muss von Anfang an sichergestellt sein: Wohin mit frostempfindlichen Pflanzen im Winter? Die Keller moderner Stadthäuser sind in der Regel zu klein und zu warm; außerdem wollen viele Pflanzen auch in der kalten Jahreszeit hell stehen. Es gibt zwar Gärtnereien und Gartencenter, die eine Überwinterung von Pflanzen anbieten, aber die verlangen ein Heidengeld – je größer das Teil, umso mehr. Und wenn man Pech hat und auf einen unseriösen Anbieter hereinfällt, sieht man seine Pflanze im nächsten Frühjahr in einem äußerst bemitleidenswerten Zustand wieder.

Auf Gartenreise

Reiseveranstalter machen ihr Geschäft längst nicht mehr mit simplen Urlaubsreisen. Sie haben mit den Jahren so ziemlich alle nur vorstellbaren Freizeitambitionen ihrer Kunden abgedeckt. Wie da sind: Städtereisen, Wellness- und Bäderreisen, Wander-, Rad- und Trekkingreisen, kulinarische Reisen, Kunst- Natur- und Kulturreisen und so weiter und so fort. Und dies zu allen Jahreszeiten, per Bus, Bahn, Flugzeug und Schiff rund um den Erdball.

Eine der jüngeren Touristikkreationen sind Gartenreisen. Vielleicht weil es bekanntermaßen gar nicht so leicht ist, einen passionierten Gärtner beziehungsweise eine Gärtnerin aus deren grünen Paradiesen hervorzulocken, musste man sich für diese Spezies schon etwas ganz Besonderes einfallen lassen. Etwa zehn Tage England mit Chelsea Flower Show und einem Besuch von Sissinghurst oder der Lost Gardens of Heligan. Oder nach Frankreich zu den mediterranen

Gärten an der Cote d'Azur, den Gartenanlagen der Loireschlösser, Monets Garten in Giverny – und warum nicht gleich eine Stippvisite zu den Botanischen Gärten Japans oder zu exklusiven Privatgärten in Südafrika.

Es lässt sich unschwer erahnen, dass derlei Vergnügungen ein gut gefülltes Portemonnaie voraussetzen. Nur wer nicht auf jeden Euro schauen muss, wird sich bei der Gewissensfrage, ob er das Geld nicht doch lieber in den eigenen Garten stecken sollte, für eine solche Reise entscheiden.

Man muss aber keineswegs allzu weit in die Ferne schweifen, um sehenswerte öffentlich zugängliche Gärten zu besuchen. Dieses Erlebnis kann man sich auch bei uns in Deutschland oder in den europäischen Nachbarländern gönnen. Warum also nicht einmal ein paar Garten-Highlights in den sowieso geplanten Urlaub mit einbauen? Zum Beispiel im Fall Deutschland und Österreich die herrlichen Schlossgärten. Oder in Italien die Isola Bella im Lago Maggiore, André Hellers Giardino Botanico in Gardone am Gardasee, den Garten der Villa d'Este nahe Rom oder den Garten der Villa San Michele auf Capri.

Ich unternehme seit Jahren mit großer Begeisterung Garten-Tagesreisen mit dem Bus. Da muss ich meinen eigenen Garten nur einen Tag alleine lassen, brauche keine besonderen Vorbereitungen zu treffen und befinde mich garantiert unter Menschen, die gartenmäßig genauso ticken wie ich. Erschwinglich ist das Ganze auch, vor allem aber bekommt man auf diese Weise interessante Einblicke in ansonsten unzugängliche Privatgärten. Die meisten Termine drängen sich im Mai und Juni, zur Zeit der ersten Vollblüte. Bei vier Gartenstopps pro Fahrt ist der Aktionsradius zwar begrenzt – im Fall meines Anbieters reicht er über Oberbayern hinaus ein Stück ins Niederbayerische und Schwäbische; man will ja am Abend wieder zurück in München sein.

An die vierzig Gärten habe ich im Rahmen solcher Reisen bereits besucht. Darunter waren kleinere Grundstücke mit rund fünfhundert Quadratmetern ebenso wie solche, die sich über mehrere Hektar ausdehnten. Ob akkurat bepflanzt und gestriegelt oder genial verwuchert – jeder Garten war für sich ein Unikat, Zeugnis von viel Fleiß, Kreativität und oft schier an Besessenheit grenzendem Eifer seiner Gestalter.

Ob Gärtner oder Gärtnerin, das Geschlechterverhältnis hält sich in etwa die Waage. Ich habe höchst erfolgreich gärtnernde Hausfrauen und junge Mütter, sogar Bäuerinnen angetroffen, die sich neben ihrer an sich schon tagesfüllenden Tätigkeit immer wieder Zeit für ihr grünes Hobby abknapsen. Bei den männlichen Gartenkollegen dagegen herrschen Akademiker vor, die ihren einträglichen Brotberuf gern und frühzeitig gegen die Freuden und Leiden der Gartenfron eingetauscht haben. Gewohnt, sich nicht mit Kleinkram abzugeben – und sofern sie natürlich über ein entsprechendes Grundstück verfügen – planen sie in der Regel großzügig und bringen wirklich Erstaunliches zustande. Etwa in langjähriger Arbeit – wohlgemerkt: hauptsächlich Eigenleistung – ein zwölf Hektar großes Arboretum mit Bäumen aus aller Herren Länder. Oder einen Japanischen Garten, der jeder Landesgartenschau Ehre machen würde. Oder eine Päonien-Sammlung mit über dreißig Sorten. Oder eine ebenso rekordverdächtige Hosta-Sammlung. Frauen hingegen spezialisieren sich gerne auf Rosen: Englische, Historische, Rambler. Oder sie legen einen Bauerngarten an. Oder sie kreieren in einer schattigen Ecke einen sogenannten »weißen Garten«.

Im Rahmen meiner Fahrten hat es sich so ergeben, dass ich einige Gärten mehrfach besuchte. Doch das war in keiner Weise langweilig, denn siehe da, sie waren ein, zwei Jahre später erweitert oder an manchen Stellen umgestaltet worden. Ein Garten kann sich wie eine

Art Droge auf seinen Schöpfer auswirken, eine Droge, die ihn immer wieder aufputscht, neu zu gestalten, weiterzumachen.

Nachdem die bunt zusammengewürfelte Gemeinschaft der Gartenreisenden (zu neunundneunzig Prozent Frauen) dasselbe Thema eint, kommt es verständlicherweise schnell zum Gedankenaustausch. Während jemand schon im Bus ein leidenschaftliches Referat über die ultimative Schneckenbekämpfung hält, weiß ein anderer, wie man erfolgreich gegen Wühlmäuse, Schildläuse oder Rosenrost zu Felde zieht. Und bei der jeweiligen Gartenführung brillieren sowieso allesamt vor den Besitzern mit ihren Kenntnissen über Vermehrung, Zuschnitt, Düngung und die Pflanzen ganz allgemein, von denen sie selbstverständlich auch die wissenschaftlichen Namen kennen. Das führte dazu, dass ich mich anfangs ein wenig ausgegrenzt fühlte, weil ich meine Blumen zu Hause auf Deutsch anzureden pflege.

Zwischenzeitlich habe ich jedoch meinen botanischen Wortschaft erweitert. Vorbei auch meine Frustration, als ich von den ersten Tagesausflügen in meinen Garten zurückkehrte. Voll der neuen Eindrücke sah ich ihn plötzlich mit anderen Augen, und er gefiel mir auf einmal ganz und gar nicht mehr. Ich wollte partout und auf der Stelle dies und das ändern – und ließ schließlich doch alles beim Alten, eingedenk der Binsenweisheit, dass kein Garten exakt einem anderen gleichen kann – außer es handelt sich um ein Plagiat.

In manchen Privatgärten kann man auch Pflanzenableger kaufen – ein Angebot, von dem die Besucher erfahrungsgemäß immer gern Gebrauch machen, ganz gleich, wie voll bestückt ihr eigener Garten bereits ist. Auch ich kann selten widerstehen. So kaufte ich einmal auf einer Fahrt neben anderen Stauden zwei wunderschöne große Funkien. Der Transport im Bauch des Busses war kein Problem, das bekam ich erst in München, als ich mein Grünzeug in ein Taxi umladen wollte. Der Fahrer knurrte, dies sei ein Personenwagen und kein Transporter der Großmarkthalle. Der Kaufpreis der Pflanzen erhöhte sich somit noch um ein stattliches Trinkgeld.

Wie bereits erwähnt, werden pro Fahrt vier Gärten besichtigt. Beim vierten, am späten Nachmittag, beginnt meine Energie oftmals zu erlahmen. Besonders an schwül-heißen Tagen. Dann raste ich zusammen mit anderen Ermatteten gern auf einer Bank im Baumschatten und lasse das Gartenensemble in der Gesamtkomposition auf mich wirken. Als ich einmal so vor mich hindöste, fiel mein Blick auf die älteste Mitreisende, eine sympathische, sehr interessierte neunzigjährige Dame, die, wie sie erzählte, nach wie vor ihren Garten selber bearbeitete. Im Blaudruckdirndl, auf dem Kopf einen breitrandigen Strohhut, wanderte sie in der prallen Nachmittagssonne ruhigen, festen Schrittes die Wege zwischen den Rabatten entlang. Ganz und gar auf die Anpflanzungen konzentriert, scheinbar unbeeindruckt von der Bruthitze und topfit wie bei unserer Abfahrt am Morgen.

Sommer

Wenn der Sommer sich verkündet,
Rosenknospe sich entzündet,
Wer mag solches Glück entbehren?
Das Versprechen, das Gewähren,
Das beherrscht in Florens Reich
Blick und Sinn und Herz zugleich.

(Johann Wolfgang von Goethe)

Gartencenter machen süchtig

Der Kofferraum meines dreitürigen Suzuki Grand Vitara bietet bei umgeklappten Rücksitzen gerade so viel Raum, um darin die Ladung eines der zweietagigen Einkaufswagen zu verstauen, wie sie im Gartencenter üblich sind. Dazwischen passt gerade noch die Tüte mit dem Gebäck aus dem Backshop.

»Warum kaufst du dir kein größeres Auto?«, werde ich manchmal gefragt, wenn ich wieder mal herumjammere, dass in meinem so wenig Platz ist. Natürlich verfügt ein größeres Auto auch über eine größere Ladefläche. Aber das hätte in meinem Fall fatale Auswirkungen, denn ich würde bei jedem Gartencenterbesuch nicht nur einen, sondern mindestens zwei Einkaufswagen vollpacken.

Ja, ich geb's freimütig zu: Ich bin Gartencenter-süchtig. Mir gibt das Shoppen in diesem grünen Schlaraffenland jenen Kick, den andere Frauen angeblich beim Schuhe kaufen haben. Ich kann von Gartencentern einfach nicht genug kriegen. Oder, wie Eva Demski in ihrem Buch »Gartengeschichten« schreibt: »Gartencenter ist wie nachts am Kühlschrank: Man weiß, dass es böse endet, aber es ist wunderbar.«

Was zählt da schon die Tatsache, dass man im Lauf der Jahre im Gartencenter ein mittleres Vermögen loswerden kann. Durch ein gefällig arrangiertes und schier grenzenloses Angebot dazu verleitet, ersteht man beispielsweise für die Lücke in einer gemischten Hecke wider besseres Wissen einen *Cotinus coggygria*. Um alsbald feststellen zu müssen, dass sich der anfänglich knapp meterhohe Perückenstrauch mit der Zeit sehr raumgreifend gebärdet. Genauso gut weiß man, dass die Japanische Schirmtanne keinen starken Frost verträgt. Trotzdem kann man nicht widerstehen, wenn man ihrer im Gartencenter ansichtig wird. Mit dem Resultat, dass sie im Winter aufwendig eingepackt werden muss, damit das teure Stück nicht kaputtgeht.

Aber was soll's. Wieder einmal ziehe ich eines dieser Drahtgestelle auf Rädern aus der Schlange und steuere durch die Automatiktüre – hinein ins Blumen- und Pflanzendorado meines Gartencenter-Favoriten. Wie das blüht und duftet! Besonders im Sommer! Eine Schau- und Geruchsfülle, die den Besucher in Hochstimmung versetzt und ihn für kurze Zeit alles vergessen lässt, was noch kurz zuvor wichtig erschien.

Vorbei an Fertigsträußen geht es zunächst durch die Zimmerpflanzenabteilung. Die wird in den letzten Jahren immer mehr dominiert von Orchideen. Tischweise Orchideen: kleine, große, in Weiß, Champagner, Gelb- und Rosétönen, *Phalaenopsis* vor allem. Orchideen sind beliebte, erschwingliche, attraktive und bei richtiger Pflege auch dankbare und langlebige Zimmerpflanzen. Aber ich bin nicht unbedingt ein Fan von ihnen. Ich schau sie mir zwar gerne an, besonders die niedrigen, kleinblütigen, die auf Deutsch Nachtfalter- oder Tischorchideen heißen, aber dass ich mich sofort mit einem Jubelschrei auf sie stürzen und sie in meinen Einkaufswagen laden würde – nein. Bei all ihrer köstlichen Anmut wirken Orchideen auf mich irgendwie unnahbar, künstlich. Ja, ich habe schon manchmal verstohlen eine Blüte angefasst, um zu fühlen, ob sie überhaupt echt ist.

Anschließend erwartet mich die weitläufige, von einem automatisch sich öffnenden und schließenden Glasdach überspannte Freilandhalle. Hier stoße ich zunächst auf das schier unübersehbare grüne Reich der Küchenkräuter. Mit der Auswahl und Menge könnte man gewiss fünfzig und mehr Spitzenköche versorgen. Ich lade ein Töpfchen Bergbohnenkraut ein und kurve weiter.

Und schon befinde ich mich mitten drin im sommerlichen Bauch des Gartencenters. Hei, wie mir da das Herz aufgeht! Geranien stehend, hängend, als Hochstamm; Wandelröschen, Fuchsien, Petunien, Begonien, Fleißige Lieschen, Verbenen, Tagetes, Zauberglöckchen, Schneeflockenblumen, Elfensporn und Elfenspiegel – und natürlich Margeriten. Eine Frau, die womöglich an Heuschnupfen leidet, wendet sich an mich: »Finden Sie nicht auch, dass Margeriten wie Schweißfüße riechen?« Kann ich ganz und gar nicht finden und hieve einen besonders großen Topf in meinen Einkaufswagen.

Überhaupt kommt man im Gartencenter leicht ins Gespräch. Gerade als ich mich in ein Fuchsien-Hochstämmchen mit großen gefüllten weiß-lila Blüten verliebe, spricht mich eine andere Frau an: »Die hams net lang, nehmens lieber die roten da, die san vui dankbarer.« Man meint es ja so gut mit mir, und höchstwahrscheinlich hat die Dame ja recht. Trotzdem, wenn man als Gartencenter- Süchtiger einmal ein besitzergreifendes Auge auf eine bestimmte Pflanze geworfen hat, wird man auch wider bessere Erkenntnis nicht davon ablassen.

Brauche ich noch Erde? Zwei Säcke als Vorrat kann nicht schaden. Natürlich wäre selbst erzeugte Komposterde die bessere Alternative, aber was tun, wenn man im Alter diese Arbeit nicht mehr selber bewerkstelligen kann und die Gartenheinzelmännchen für das mühsame Umsetzen nur schwer zu begeistern sind? Auch als Hobbygärtnerin weiß ich: Bei Pflanzerde ist das Beste gerade gut genug. Aber ist die teuerste Erde auch die beste? Und ist wirklich ein so großer Unterschied zwischen »Blumenerde« und »Rosenerde«? Vom Anschauen und Befühlen her konnte ich persönlich bisher keinen entdecken, und auch meine Garten- und Topfpflanzen scheinen es damit nicht so genau zu nehmen.

Nahe bei den Erden befindet sich auch das Düngersortiment. Viele, viele laufende Regalmeter umfassend, in Pulverform und flüssig, als Langzeitgranulat und Stäbchen. Darüber hinaus gibt es für sämtliche Pflanzenarten extra Spezialdünger: für Geranien, Rosen, Petunien, Fuchsien, Rhododendren, Hortensien, Orchideen, Bambus, Kakteen; Dünger für Rasen, Gemüse, Kräuter, Erdbeeren, Grünpflanzen, Koniferen; Dünger für Kübelpflanzen, Dünger mit Guano und mit noch mehr Guano, Dünger für drinnen und draußen und dazu noch die guten alten Hornspäne und das Blaukorn. Da in einem einigermaßen gut sortierten Garten inklusive Wohnbereich so ziemlich alle vorgenannten Pflanzen vorkommen, sind pflichtbewusste Hobbygärtner demnach gehalten, sich mit einem guten Dutzend Düngerarten einzudecken. Sollen sie doch, aber ohne mich, bitteschön.

Wie die Düngerschwemme birgt auch die von Jahr zu Jahr weiter ausufernde Abteilung mit den Gartenmöbeln und Gartengrills für mich wenig Suchtpotenzial. Die gängige Garten- und Balkonmöblierung ist längst wohnraumtauglich geworden, und die Grillgeschütze, die da der freundlich lächelnde Kochguru Johann Lafer auffährt, eignen sich gewiss bestens für eine Outdoor-Fernsehkochsendung. Aber was um alles in der Welt soll ich mit so einem High-Tech-Monstrum in meinem Garten?

Dann schon eher irgendeine Kleinigkeit aus der Deko- und Accessoires-Abteilung. Bei der verhält es sich übrigens wie mit dem Knabberzeug und der Schokolade im Supermarkt: In beiden Fällen finden sich diese »letzten Versuchungen« nahe der Kasse. Gartenkugeln, und -laternen, Seidenblumen, Gläser, Figuren, Leuchter, Tischtücher, Sets, Postkarten …; das sowieso schon reichhaltige Angebot steigt vor Weihnachten und Ostern ins Horrende. Auch ich lasse mich gerne in Versuchung führen, meistens mit einer Packung Papierservietten. Ich liebe hübsch bedruckte Papierservietten und habe sie stets passend für alle Jahreszeiten und Anlässe vorrätig.

So, mein Einkaufswagen ist voll. Und ich habe wieder einmal eine rundum zufriedenstellende Stunde in meinem Gartencenter verbracht. Auf zur Kasse und dann mit meinen Schätzen nach Hause. Doch halt: Zuerst kaufe ich mir noch eine Leberkässemmel. Das tu ich fast immer, und dabei stelle ich fest, dass etwa jeder zehnte Kunde, der durch die Kassenschleuse kommt, anschließend den

Backshop ansteuert. Muss eine wahre Bank sein, so eine Bäckereifiliale in einem Gartencenter.

Abschließend noch mein gut gemeinter Appell an alle Hobbygärtnerinnen und -gärtner: Wenn Ihnen zu Hause oder im Büro die Decke auf den Kopf fällt: Gehen Sie ins Gartencenter! Wenn Sie sich über etwas geärgert haben: Gehen Sie ins Gartencenter! Wenn Sie missgestimmt, krank, womöglich bereits scheintot sind: Gehen Sie ins Gartencenter! Und vor allem: Gehen Sie ins Gartencenter, auch wenn Sie gar nichts brauchen – und eigentlich nur mal schauen wollen, was es denn Schönes gäbe für den Fall, dass Sie vielleicht doch irgendwann irgendwas bräuchten …

Kräutermanie in Garten und Küche

Ich kann mich noch gut an die Zeit erinnern, in der es Küchenkräuter ausschließlich beim Gärtner oder im Gemüse- beziehungsweise Kramerladen zu kaufen gab – und das auch nur während der Sommermonate. Das Sortiment bestand damals in der Regel aus Petersilie, Schnittlauch und Dill. Zugegeben, das liegt schon ein paar Jahrzehnte zurück. Heute dagegen ist das Kräuterangebot hierzulande so groß und vielfältig wie nie zuvor.

Angefangen hat alles mit den Basilikumtöpfen, mit denen sich die einfallsreichen Pizzabäcker aus bella Italia im kalten Germania zu behelfen wussten. Die zunehmende mediterrane Schwärmerei der Deutschen – über Reisen und Essen und letztendlich bis hin zu den Pflanzen für Garten und Küche – brachte auch bei uns die Kräuterproduktion auf Trab. Jetzt findet man Oregano, Rosmarin & Co. sommers wie winters auch im Supermarkt in beachtlicher Auswahl.

Ganz zu schweigen vom Gartencenter, wo den Heil- und Küchenkräutern eine eigene Abteilung gewidmet ist. Hier hat man beispielsweise bei Thymian die Qual der Wahl zwischen Orangen-, Zitronen-, Kümmel-, Silberrand- oder Tabor-Thymian. Auch das Minze- und Basilikum-Spektrum ist breit gefächert. Und man kann Bekanntschaft mit weniger geläufigen Arten wie Ysop, Zitronengras, Vietnamesischem Koreander, Colastrauch, Curry- und Barbarakraut machen.

Archäologische Ausgrabungen aus der Jungsteinzeit beweisen, dass sich bereits in grauer Vorzeit Menschen der Kräuter bedient haben. Aus dem antiken Griechen- und Römerreich sind Schriften erhalten, die vom damals bekannten Wissen über Heil- und Würzpflanzen berichten. Und bei uns ist es insbesondere das Verdienst der Klöster, die durch den Anbau eines reichhaltigen Gewürz- und Arzneipflanzensortiments das Wissen um die besonderen Kräfte der Kräuter weitergegeben haben.

Nach einem kurzzeitigen Einbruch im vergangenen Jahrhundert, das »Omas Kräuter« insbesondere im medizinischen Bereich für unzeitgemäß erklärte, schwappt seit mehreren Jahren eine neue Welle der Kräuter-Renaissance über uns hinweg. Abgesehen von der Anwendung von Heilkräutern in der alternativen Medizin scheinen auch Sterneköche aus aller Herren Länder in eine Art Kräuterrausch verfallen zu sein. Mit Bärlauch in Brot, Wurst und Käse etc., Minze im Erbsenpüree (eine Kreation von Alfons Schuhbeck) oder Ähnlichem bringen sie zusammen, was scheinbar nicht zusammengehört.

Doch widmen wir uns den Kräutern im eigenen Garten. Insbesondere bezüglich des Standorts ist zu diesem Thema viel altes Gärtnerwissen überliefert. So soll angeblich beispielsweise Basilikum die Gesundheit von Gurkenpflanzen fördern. Dill, so heißt es, begünstigt das Aufgehen von Gemüse-, insbesondere Gelbe-Rüben-Samen. Bohnenkraut wehrt Läuse speziell von Bohnen ab, Kerbel von Salatpflanzen. Und Salbei, Thymian und Ysop verleiden Raupen, Läusen und Schnecken den Appetit auf Gemüse und Rosen. Alle diese Behauptungen sind natürlich relativ, aber es kann gewiss nicht schaden, Lavendel zwischen die Rosen zu pflanzen. Wenn *Lavandula* auch nicht absolut zuverlässig vor Läusen, Fliegen und Ameisen schützt, so schmückt es doch ganz ungemein.

Plant man den Standort der Gartenkräuter nicht zwischen Gemüse und Blumen, versammeln sie die meisten Hobbygärtner in einem eigenen Kräuterbeet. Besonders Kreative binden ihr Kräuterarrangement optisch in das gartenarchitektonische Gesamtkonzept ein und legen etwa eine buchsbaumumrandete, geometrisch aufgeteilte Kräuterrabatte oder eine Kräuterspirale an. Der Phantasie sind hier keine Grenzen gesetzt – mit Ausnahme der zur Verfügung stehenden Grundstücksgröße. Hat man nur wenig Platz, tut's auch ein Flechtkorb oder ein Keramiktopf mit seitlichen Öffnungen. Beides eignet sich übrigens auch für das Aromabuffet auf dem Balkon. Darüber hinaus ließe sich auch ein Blumenkasten durch das Dazwischenpflanzen von Salbei, Japanminze, Zitronenverbene oder Strauchbasilikum ein bisschen aufpeppen.

Was meine Gartenkräuter anbelangt, so habe ich im Lauf der Zeit die gängigsten Standorte und Anbauvarianten durchprobiert – und mit den Jahren allesamt verworfen. Entweder mein Daumen ist doch nicht so grün, wie ich mir einbilde, oder irgendjemand hat mich mit einer Art Kräuter-Voodoo belegt. Wie auch immer: Wenn die schmackhaften Pflänzchen nicht von Amseln entblättert oder von Schnecken gefressen wurden, haben sie die Wühlmäuse untergepflügt oder Katzen und Marder im Liebesspiel plattgewalzt.

Irgendwann habe ich schließlich kapituliert und die Kräuter in Töpfe umgepflanzt und diese ans Haus, gleich neben den Eingang zum Wintergarten, gestellt. Dadurch ergibt sich sogar ein Zusatznutzen: Bei Regen werde ich nicht mehr nass, wenn ich mir schnell ein paar Stängel Schnittlauch für mein Radieserlbrot abschneiden will. – Etwaige Nachahmer sollten jedoch nicht versäumen, die Kräutertöpfe mindestens auf Tischhöhe zu platzieren, damit sie weder der Haushund zum Dranpinkeln noch der Revierkater zur Markierung seines Territoriums missbrauchen kann. Insbesondere Letzteres verfremdet nämlich das Kräuteraroma ganz beträchtlich!

Mythos Rose

Wenn im Juni die ersten Rosen in meinem Garten aufblühen, vermerke ich das in meinem Tagebuch genauso akribisch wie den ersten Amselgesang im Frühling. Bereits Anfang des Monats entfaltet sich mein besonderer Liebling, eine milchweiße, karmesinrot umrandete Gallica-Rose namens »Leda«. Leider muss sie jedoch, im Gegensatz zu ihrer Namensschwester aus der griechischen Mythologie, ohne Schwan auskommen, denn der an mein Grundstück angrenzenden Würm entsteigen nur Stockenten.

Aber das wäre zu verschmerzen, wenn es nicht exakt zu Beginn der ersten – und schönsten – Rosenblüte alljährlich bei uns im Alpenvorland regnen würde. Oft tage-, ja wochenlang – man kann fast Wetten darauf abschließen. Die in Pflanzgefäßen gedeihenden Rosen lassen sich ja unters schützende Dach schieben, aber »Leda« ist in der Rabatte dem unliebsamen Nass von oben hilflos ausgeliefert.

Keine Blume ist je so viel beschrieben und besungen worden wie die Rose. Und keine umgibt ein vergleichbarer Mythos. Die Rose ist das Symbol für Liebe, Freude und Jugend. Antike Sagen beschreiben ihre Entstehung als zusammen mit Aphrodite dem Meerschaum entstiegen, als Blut des Adonis, als Überbleibsel der Morgenröte auf Erden oder – wie im Islam – als einem Schweißtropfen Mohammeds entsprossen.

Die Rose ist aller Wahrscheinlichkeit nach die älteste Blume unseres Kulturkreises. Die früheste Abbildung ist viertausend Jahre alt und wurde auf einer sumerischen Tontafel entdeckt. In Persien, wohl dem Mutterland der Rose, hat auch die Rosenölgewinnung ihren Ursprung. In China lässt sich der Beginn der Rosenkultur im 3. Jahrtausend v. Chr. nachweisen und in Ägypten zwei Jahrtausende später. Etwa um 1000 v. Chr. kam die Rose über Kleinasien und Thrakien nach Griechenland, und Homer berichtet in seiner Ilias von rosenbekränzten Waffen, während Sappho sie erstmals als »Königin der Blumen« bezeichnet.

Einen besonderen Kult mit den Rosen trieben die alten Römer. Nero ließ bei einem Gelage so viele Rosenblätter von der Decke auf seine Gäste regnen, dass diese darunter erstickt sein sollen. Und als Kleopatra Marcus Antonius bezirzte, waren die Kissen auf ihrem Liebeslager mit Rosenblättern gefüllt.

Über Rom kam die Rose schließlich zu uns. Nach Aphrodite und Venus widmeten sie die Germanen der Göttin Freya. Die Rose war Sinnbild für Kampf und Tod, und das Schlachtfeld trug den verharmlosenden Beinamen »Rosengarten«.

Die ersten Christen hatten zunächst ein Problem mit der »vergötzten« Rose, der über Jahrhunderte die Aura luxuriöser Dekadenz und Sinnesfreuden anhaftete. Doch dann siegten Schönheit und Beliebtheit der »Königin der Blumen«, und man weihte sie keiner Geringeren als der Gottesmutter. Maria ist nun die »Rose ohne Dornen«, die »geheimnisvolle Rose«.

Da wundert es nicht, dass die Rose vor allem Einzug in die Klostergärten gehalten hat, wo sie im Mittelalter insbesondere als Heilpflanze gezogen wurde: Rosa gallica »officinalis«, die Apothekerrose;

sie ist rosa-rot, hat große, leicht gefüllte Blüten, die sich nur im Juni zeigen, und duftet betörend. Schon Kaiser Karl der Große und Hildegard von Bingen berichten über diese älteste in Europa kultivierte Sorte, die bis heute in Rosen-Baumschulen nachgezüchtet wird.

Längst ist die Rose in unseren Hausgärten heimisch geworden. Kein Garten ohne Rose – so lautet die Devise. Aber welche? Angeblich gibt es weit über vierzigtausend (!) Rosensorten, Tendenz jährlich steigend. Zum Vergleich: Im 18. Jahrhundert kannte man erst zweihundertfünfzig Sorten, und Kaiserin Joséphine de Beauharnais, Gattin Napoleons, ließ sie allesamt in ihrem Garten von Schloss Malmaison anpflanzen. Heute besitzt allein das Europa Rosarium Sangerhausen im Südharz über achttausenddreihundert Sorten.

Man unterscheidet Strauchrosen, Kletterrosen, Beetrosen, Edelrosen, Zwergrosen, Bodendeckerrosen (Klassifikation des 2011 verstorbenen Freisinger »Rosenprofessors« Dr. Josef Sieber); im Angebot von Rosenzüchtern und Gartencentern werden wir außerdem mit Historischen Rosen, Alten Rosen, Nostalgierosen, Polyantharosen, Floribundarosen, Duftrosen, Englischen Rosen, Wildrosen, Moosrosen, Hochstammrosen, Ramblerrosen, Balkonrosen, Topfrosen und noch einigen mehr konfrontiert. Wer zählt die Sorten, nennt die Namen … Keine Chance für den Laien, hier den Über-, geschweige denn Durchblick zu finden.

Hat man sich schließlich für die Rose seiner Wahl entschieden (ehrlich gesagt: ich kaufe sie in der Regel weniger nach vernünftigen Kriterien als nach dem Motto »Liebe auf den ersten Blick«), fangen die Probleme erst richtig an. Wo soll sie stehen? Was muss man bei Pflanzung und Pflege beachten? Sicher ist: Sie mag mittelschweren, lehm-, humus- und sandhaltigen Boden mit viel Wurzelfreiheit, jede Menge Sonne, aber keinen Wind, viel, aber nicht zu viel Wasser. Ganz schön anspruchsvoll also, die »Königin«. Wenn Sie Ihren

Rosen all das bieten können, ist aber immer noch nicht gesagt, dass sie Ihnen dies auch mit gesundem Wachstum und unermüdlicher Blühfreudigkeit danken. Denn entweder werden sie von Sternrußtau, Mehltau oder Rosenrost befallen, oder Läuse, Spinnmilben, Blattrollwespen und Rosenzikaden tun sich an ihnen gütlich. Halten wir es also mit Wilhelm Busch:

»Dass keine Rose ohne Dorn, / bringt mich nicht aus dem Häuschen. / Auch sag ich ohne jeden Zorn: / Kein Röslein ohne Läuschen.«

Ich kenne Hobbygärtner, die von all diesen Unwägbarkeiten der Rosenhaltung im Lauf der Jahre derart frustriert waren, dass sie sich im eigenen Garten schließlich auf ein paar robuste Exemplare beschränken. Zum Ausgleich gehen sie im Juni zum Rosen-Schauen in öffentliche und private Gärten. Ich auch.

Ein Rosengarten – in diesem Fall eine ganze Insel – steht alle Jahre wieder auf meinem Ausflugsprogramm: die nur zwei Hektar große, romantische Roseninsel im Starnberger See. Ab 1850 im Besitz der Wittelsbacher, ließ König Maximilian II. von dem preußischen Gartenarchitekten Peter Joseph Lenné dort einen englischen Landschaftsgarten und ein Rosarium mit angeblich fünfzehntausend Rosenstöcken anlegen. Auch der bayerische »Märchenkönig« Ludwig II. und seine Cousine Elisabeth (Sisi) lustwandelten gerne auf dem lieblichen Eiland. In einem ihrer Gedichte widmet Sisi der Roseninsel folgende Verszeilen:

»Von der kleinen Roseninsel / Kamen tausend süße Düfte, / Des Jasmines Wohlgerüche / Würzten hold die Abendlüfte«.

In den Jahren 1899 und 1912 wurde die Rosenpflanzung erneuert, doch nach dem zweiten Weltkrieg versank die Insel in einen Dornröschenschlaf, besser gesagt: sie vergammelte. Seit 1970 steht sie nun unter der Obhut der Bayerischen Verwaltung der staatlichen Schlösser und Seen, und seit 2003 können die Besucher wieder das nach alten Vorlagen rekonstruierte Rosarium vor dem Sommerschlösschen, dem sogenannten Casino, besichtigen.

Heute verströmen hier allerdings »nur« noch um die sechshundert Rosenstöcke, deren beschilderte Erstpflanzung die mittelfränkische Rosengärtnerei Kalbus ausgeführt hat, ihre »tausend süßen Düfte«. Die Hochstamm- und Strauchrosen blühen am schönsten im Frühsommer, viele sind auch remontierend. Unter den historischen Nachzüchtungen aus der Zeit vor 1910 finden sich so illustre Namen wie »Rose de Meaux«, eine rote Gallica-Rose von 1789, »Alfred de Dalmas«, eine helle Centifolia von 1855, »Dopahan«, eine rosa Damaszener-Rose von 1832 oder »La Reine Victoria«, eine rosa Bourbon-Rose von 1872.

Ein besonderer Mythos umrankt die sogenannte Tölzer Rose. Sie ist eine Rarität, nicht etwa im botanischen Sinne – sie gehört zur Gruppe der Centifolien und ist eine hochwachsende Strauchrose mit duftenden, gefüllten rosa Blüten – , sondern aufgrund ihrer Herkunft. Die erste Rose dieser Art wurde nämlich vor gut dreihundert Jahren von Franziskanermönchen aus Italien, möglicherweise aus ihrer Niederlassung in Bologna, in das neu gegründete Tölzer Kloster am Isarhochufer gebracht. Durch Ableger fand diese »Franziskaner-Rose« mit der Zeit dann ihren Weg auch in die Tölzer Bauern- und Bürgergärten.

Im Lauf der Jahre brachte es die Tölzer Rose sogar zu künstlerischem Ruhm. Im 18./19. Jahrhundert wurde sie nämlich als beliebtes Motiv im volkstümlichen Malstil einer Spindelrose auf den sogenannten Tölzer Kästen verewigt, die, per Floß isarabwärts transportiert, bis weit über München hinaus ihre Abnehmer fanden. Was für eine Karriere für eine Rose, noch dazu für eine immigrierte!

Die historischen Tölzer Kästen sind heute im Heimatmuseum zu besichtigen. Die Tölzer Rose wird wieder nachgezüchtet; man kann sie beispielsweise bei den Tölzer Rosentagen kaufen, die alljährlich an Pfingsten im alten Franziskanergarten stattfinden. Und wer zu Fuß oder mit dem Rad das Tölzer Umland durchstreift, entdeckt die Tölzer Rose auch hier und da noch an einem der behäbigen alten Bauernhöfe. Es handelt sich dabei um uralte, seit Generationen verwurzelte Stöcke, die vital und unermüdlich grünen, blühen und duften. Fast hat es den Anschein, als würde der heilige Franziskus höchstpersönlich bis auf den heutigen Tag die Hand über sie halten. – Mythos Rose eben.

Wasser marsch

Ohne Wasser gäbe es kein Leben und demnach auch keine Gärten. Ohne Wasser nützten selbst die beste Erde und der allerbeste Dünger nichts, die Pflanzen wären unausweichlich zum Untergang verurteilt. Sofern das benötigte Wasser nicht in ausreichendem Maß von oben kommt, schöpfen wir es mit der Gießkanne entweder aus der Regentonne oder wir drehen den Wasserhahn auf. Soweit der praktische Aspekt.

Darüber hinaus hat Wasser im Garten auch einen nicht unerheblichen Gestaltungsfaktor, dessen man sich gern und häufig bedient. Vom Quellstein und Zierfischteich bis zum Pool und Badeteich mit Fontäne – alles ist möglich. Die Höhenflüge individueller Wünsche stoßen höchstens hinsichtlich Größe und Beschaffenheit des Grundstücks sowie der Belastbarkeit des Bankkontos an ihre Grenzen. Letzteres gilt insbesondere dann, wenn man das Wasserprojekt einer kompetenten Gartenbaufirma anvertraut. Zur Alternative Eigenbau sollten sich allerdings nur wirklich im Heimwerken erfahrene Gartenbesitzer hinreißen lassen. Trotz des beeindruckenden Angebots an Material und Zubehör im Gartencenter und Baumarkt zahlt sich die Mühe oft nicht aus. Spätestens dann nicht, wenn das teure Nass aus dem endlich fertiggestellten Teich im Erdboden versickert, anstatt die neuen Wasserpflanzen zu tränken.

Keine Frage, auch ich liebe Wasser im Garten – noch dazu, weil es für mich völlig gratis ist. Denn mein Grundstück wird an einer Längsseite von dem kleinen Fluss Würm flankiert, der an meinem Wohnort in etwa die Hälfte seines Weges vom Starnberger See bis zur Mündung in die Amper zurückgelegt hat. Leider eignet sich die Würm im Sommer nur bedingt zum Baden, dafür beschert sie mir das ganze Jahr über die unterschiedlichsten Gäste: Bachforellen, Wasseramseln, Libellen, zwischendurch auch einen Biber, vor allem aber jede Menge Stockenten. Doch während die umliegenden Gartenteichbesitzer im Frühjahr hektisch Netze über ihre Gewässer spannen, damit einfliegende Enten nur ja nicht die Teichbepflanzung herausgründeln oder heimlich ein paar Froscheier einschmuggeln, kann ich zu meinem Federvieh ein ganz entspanntes Verhältnis pflegen. Und wenn eine Entenmama stolz ihre Küken präsentiert, muss ich nicht die Feuerwehr alarmieren, um die junge Familie in ein öffentliches Gewässer evakuieren zu lassen.

Ich habe fast mein ganzes Leben an der Würm verbracht. Zu meiner Kinderzeit schöpften wir das gesamte Gießwasser für den großen Garten aus ihr. In massiven Zinkblechkannen, deren Eigengewicht einem schon im Leerzustand die Arme in die Länge zog. Wie viel einfacher hantiert es sich heutzutage doch mit den leichten Plastikgießkannen.

Trotz Regentonne und einem noch so kritischen Blick auf die Wasserrechnung wird man beim Gartengießen nicht immer auf den Einsatz von Leitungswasser verzichten können. Man muss ja nicht gleich einen Tropfschlauch verlegen oder eine automatische Bewässerungsanlage installieren lassen oder gar eine selbstfahrende Beregnungsmaschine anschaffen. Auch ein normaler Gartenschlauch kann mit diversem technischen Zubehör aufgerüstet werden. Etwa mit einem Schlagregner – oder gar mit einem Wassermengenzähler. Soll ja sehr effizient sein. Allerdings pflege ich persönlich meine Pflanzen noch nach altüberkommender Manier so lange zu gießen, bis ich denke, dass ihr Durst gelöscht ist – und nicht nach der (Wasser-)Stoppuhr.

Außerdem betrachte ich beim Gießen viel lieber meinen Garten als irgendein Display. Gartengießen an einem Sommerabend bedeutet für mich nämlich nicht so sehr Arbeit als vielmehr Feierabend im Sinn von Ruhe, Freude, Besinnung – verbunden mit vielen schönen Beobachtungen. Da ist zum Beispiel meine Eden-Rose, deren zweite Blütenstaffel sich Ende Juli prachtvoll entfaltet. Wenn ich mit dem Schlauch der großen Weißrandfunkie unter die Blätterröcke spritze, entdecke ich auch gleich jene roten Delinquenten, die schuld an ihrer Perforierung sind. Der Phlox hüllt mich zum Dank für die Abfrischung in eine betörende Duftwolke. Weniger dankbar für den Wasserstrahl ist ein Grasfrosch, der im Dschungel der Stängel auf Beute gelauert hat und sich nun ein neues Versteck suchen muss. Über mir am dämmerblauen Abendhimmel flattern zwei, drei Fledermäuse, während ein paar Stockwerke höher ein Geschwader Mauersegler noch immer seine kreischenden Runden dreht.

Gartengießen, egal mit welcher Vorrichtung, kann aber immer nur ein unzureichender Ersatz für das natürliche Nass aus den Wolken sein. Vor allem nach längeren Hitze- und Trockenperioden. Dann ist das Wässern der Pflanzen tatsächlich so etwas wie der sprichwörtliche Tropfen auf den heißen Stein. Oder, wie ich einen Münchner Gartler einmal sagen hörte: »Des is grad aso, wia wenn a Spatz bieselt.« In diesem Fall hilft nur ein kräftiger, möglichst die ganze Nacht hindurch andauernder Gewitterregen, aus dem die Natur erfrischt und gestärkt hervorgeht.

Allerdings scheint es seit einigen Jahren keine normalen Gewitter, sondern nur noch Unwetter zu geben mit Sturm und Hagelschlag und von Starkregen gefluteten Häusern, Feldern und Gärten. Wenn wieder einmal so ein Inferno über mich und meinen Garten hinwegtobt, kann es passieren, dass ich mir im Geheimen doch einen Wassermengenzähler wünsche. Nicht für mich, nein, sondern für die himmlischen Spritzbrunnenaufdreher, auf dass sie sich mittels dieser technischen Aufrüstung bitteschön auf ein gedeihliches Maß an Regen beschränken mögen.

Sage mir, wie du mähst …

und ich sage dir, wie du bist. – Dieses etwas abgewandelte geflügelte Wort entspricht durchaus den Tatsachen. Und wenn Sie mich ein klein wenig bei meiner ganz persönlichen – zugegeben laienhaften – Studie begleiten, werden Sie mir recht geben.

Schauen wir zunächst einmal unseren Testpersonen beim Rasenmähen zu – einem Familienmitglied, dem Nachbarn oder sonst jemand Beliebigem. Abgesehen von der Tatsache, dass sich ein Gefühl wohliger Zufriedenheit einstellt, wenn man andere im Garten werkeln sieht, während man selber gerade die Hände in den Schoß legen kann, wird Ihnen schon bald auffallen, dass sich die betreffenden Personen für ein und dieselbe Tätigkeit unterschiedlicher Herangehensweisen befleißigen.

Das beginnt schon bei der Wahl des Rasenmähers. Nehmen wir mal an, zwei Hobbygärtner haben je eine Miniwiese von maximal fünfzig Quadratmetern. Der eine – nennen wir ihn Herrn A – geht sein Grün mit Muskelkraft und einem mechanischen Grasschneider an, der andere, Herr B, mit Fremdenergie in Gestalt eines Elektro- beziehungsweise Benzinrasenmähers. Was folgern wir daraus? Herr A ist eindeutig der Fittere unserer beiden Probanden – ein Blick auf seinen Body wird diese Annahme bestätigen.

Sage mir, wie du mähst … Während der eine mit der Maschine schnurgerade und parallele Linien zieht und das Gras rund um Baum, Beet und Terrasse fein säuberlich mit der Kantenschere stutzt, ähnelt das Mähbild eines anderen in etwa einem flüchtenden Hasen, mal hierhin, mal dorthin zielend und dabei willkürlich Grasbüschel stehend lassend, vergleichbar einer schlampigen Rasur.

Nach getaner Arbeit sind beim Umgang mit den Gerätschaften wiederum Unterschiede auszumachen: Die einen bearbeiten ihren Rasenmäher regelmäßig mit Wasser und Wurzelbürste, ja sogar mit dem Hochdruckreiniger, um ihn dann am angestammten Platz in einer penibel sortierten Gerätehütte oder Garage abzustellen. Andere wiederum rütteln ihn bloß kräftig durch, damit die restlichen Grashalme herausfallen, bevor sie ihn wegstellen.

Glauben Sie mir (denn ich habe fünf Stichproben aufs Exempel gemacht), die Handhabung des Rasenmähers spiegelt akkurat den Charakter der betreffenden Hobbygärtner und -gärtnerinnen wider. Während die hundertprozentigen Saubermänner und -frauen am liebsten auch ihr Bad mit dem Hochdruckreiniger cleanen würden, kann es bei nonchallanteren Mitmenschen schon mal vorkommen, dass ein Familienmitglied ungestraft mit dreckigen Gartenschuhen in die Küche spazieren darf.

Wo fühlt man sich als Gast wohler: In einer Wohnung, in der einen bereits in der Garderobe die Gästehausschuhe erwarten, man sich auf dem Sofa nicht zurückzulehnen traut, um nur ja nicht die geknifften Seidenkissen zu zerknautschen, und die Hausfrau bei jedem heruntergefallenen Kuchenbrösel mit der Kehrschaufel angelaufen kommt? Oder da, wo es weniger förmlich zugeht – was zweifellos viel mehr Gemütlichkeit aufkommen lässt.

Das Gleiche gilt auch für den Garten. Klar, ein gewisses Maß an Ordnung ist unumgänglich. Das heißt aber noch lange nicht, dass man sich ständig auf allen Vieren fortbewegen muss, um auch noch das kleinste Unkräutlein aufzuspüren, oder dass man die Rose in ihrer Vollblüte abschneidet, damit ihre Blütenblätter nur ja nicht auf die frisch geharkte Erde rieseln.

»Acetongarten« nennt das eine Freundin. In solchen Gärten wird die Natur gewissermaßen entmündigt. Das Gegenteil davon sind lebendige Gärten, in denen man die Natur gewähren lässt – zumindest im großen Ganzen. In diesen Gärten darf sich auch mal Moos in den Fugen des Plattenwegs ansiedeln und Efeu ungestraft an einem Baum hochklettern. – Und es ist überhaupt kein Drama, wenn beim Mähen einmal ein Grasstreifen entlang dem Staudenbeet oder rund um die Sitzbank stehen bleibt.

Schnecken haben keine Lobby

Juli – Hochsaison der Sommerblumen! Die Rosen duften mit dem Lavendel um die Wette. Sein Blau konkurriert mit dem des Rittersporns. Oleander, Engelstrompete, Fuchsien, Wandelröschen stehen in ihren Töpfen Spalier. Im großen Beet blühen Margeriten, Hortensien, Dahlien, Glockenblumen, Sonnenhüte, Schmuckkörbchen, Zierlauch, umsäumt von Funkien, Kapuzinerkresse, Geranium und Frauenmantel. Ein leuchtend bunter Teppich, dessen Betreten nur Schmetterlingen, Hummeln und Bienen vorbehalten ist.

Schön wär's! Aber im Juli haben leider auch Schnecken Hochsaison. Allen voran die roten Nacktschnecken. Sie ducken sich tagsüber unter feuchte Blätter und Steine und ziehen vom späten Abend bis zum frühen Morgen ihre silbrigen Schleimspuren über Rasen und Beete auf der nimmermüden Suche nach schmackhaftem Grünzeug.

Jeder Gartler kennt die probaten Mittel zur Schneckenbekämpfung und schwört auf seine ganz spezielle Methode: von der Bierfalle bis zum Durchsäbeln mittels Gartenschere. Mir persönlich ist Ersteres zu umständlich und Letzteres zu brutal. Aber was tun gegen diese glitschige Landplage, damit man als eingeschworener Natur- und Tierfreund sein Gesicht wahren kann?

So habe ich mir also neulich nach einem warmen Sommerregen am späten Nachmittag ein Plastikeimerchen über den Arm gehängt und bin damit durch den Garten gewandert. Der Rasen war rot getüpfelt wie ein Erdbeerfeld, nur dass es sich leider nicht um die schmackhaften Früchte handelte, sondern um Schnecken. Als ich siebenundachtzig Stück eingesammelt hatte, war das Eimerchen gut gefüllt, und es stellte sich die Frage: Wohin mit der Ausbeute? Auf jeden Fall raus aus meinem Garten!

Also packte ich das Eimerchen in einen Einkaufskorb und deckte ihn mit einem Tuch zu. Sollte mir jemand unterwegs begegnen, brauchte er ja nicht gleich zu denken, ich hätte nicht mehr alle Tassen im Schrank, weil ich eine Ansammlung Nacktschnecken spazieren trage. Durch das hintere Gartentürchen verließ ich mein Grundstück und marschierte flussaufwärts in den Stadtpark hinein, am Arm meinen Korb wie weiland Rotkäppchen, als es seine kranke Großmutter besuchte. Nach etwa hundert Metern kippte ich die Schnecken schließlich auf einem Grünstreifen am Würmufer aus. Hier konnten sie nach Herzenslust grasen, ohne Schaden anzurichten.

Froh, mich so effektiv wie tierfreundlich aus der Affäre gezogen zu haben, kehrte ich wieder nach Hause zurück. Doch als ich am

Abend meine übliche Runde durch den Garten mache, was sehe ich da unter der rückwärtigen Thujenhecke hervorkommen: eine Armada von Nacktschnecken auf dem Rückmarsch aus dem Exil in ihre angestammten Jagdgründe.

Das ist zu viel! Ich vergesse kurzfristig mein Herz für Tiere, sammle die Kriecher von Neuem ein – es sind »nur« noch achtundfünfzig – und schmeiße sie zornwallend in den Fluss.

Sonnenblume – Sommerblume

Gäbe es eine Umfrage nach der Blume, die am meisten den Sommer symbolisiert, so landete gewiss die Sonnenblume auf einem der vordersten Plätze. Für mich ist die Sonnenblume ja der Inbegriff des Sommers überhaupt. Schaut doch jede ihrer Blüten – dieses freundliche, kreisrunde Gesicht mit dem goldenen Strahlenkranz der Blütenblätter um die braune Mitte – selber wie eine kleine Sonne aus.

Diese Ähnlichkeit war auch schon den südamerikanischen Inkas aufgefallen, welche die Sonnenblume zwischen dem 13. und 16. Jahrhundert als Abbild ihres Sonnengottes Inti verehrten. Der botanische Name der Sonnenblume, *Helianthus annuus,* leitet sich von den griechischen Wörtern helios = Sonne und anthos = Blume her. Eigentlich kommt er aber aus der griechischen Mythologie und ist uns in einem Werk des römischen Dichters Ovid überliefert.

Dieser erzählt darin von einem Mädchen namens Clythia, dessen Liebe zu Helios beziehungsweise Apollon (beide gelten als Gottheiten des Lichts) unerwidert blieb. Daraufhin schaute es nackt auf einem Felsen sitzend und ohne zu schlafen und zu essen neun Tage lang vom Morgen bis zum Abend zu, wie ihr Angebeteter seinen

Wagen von Ost nach West über den Himmel bewegte. Dann löste sich ihr Herzeleid in gelbe und braune Farben auf, und sie verwandelte sich in eine Sonnenblume – eine Blume, deren Blüte sich vom Morgen bis zum Abend stets der Sonne, also Helios beziehungsweise Apollons Sonnenwagen, zuwendet.

Dass die Sonnenblume dies tatsächlich tut, hat allerdings nichts mit Mythologie, sondern vielmehr mit Heliotropismus zu tun. So nennt man das bei Pflanzen, die sich beständig dem Sonnenlicht zuwenden. Wer mehrmals täglich an einem Sonnenblumenfeld vorbeikommt, kann gut beobachten, wie sich bei Sonnenschein die Blütenköpfe immer weiter von Ost nach West drehen; bis zur Morgendämmerung kehren sie dann wieder auf ihre Ost-Position zurück.

Die Sonnenblume symbolisiert aber nicht nur den Sommer, sie ist auch eine Art Piktogramm für das, was uns beim Begriff Blume auf Anhieb einfällt. Nicht von ungefähr malen Kinder am häufigsten mehr oder weniger gelungene, aber doch eindeutig identifizierbare Sonnenblumen, wenn sie Blumen oder einen Garten darstellen wollen. Auch erwachsene Hobbymaler kommen am Motiv Sonnenblume nicht vorbei. Sogar die ganz großen Meister haben sich von dieser an und für sich schlichten Blume inspirieren lassen: Claude Monet, Gustav Klimt und natürlich Vincent van Gogh, der 1888/89 eine ganze Bilderserie mit Sonnenblumen schuf.

Sonnenblumen dienen aber auch ganz profanen Zwecken. Nachdem sie um 1550 von spanischen Seefahrern von Amerika nach Europa importiert worden waren, wurden sie zunächst ausschließlich zur Zierde angebaut. Erst ab dem 17. Jahrhundert verwendete man ihre fettreichen Samenkörner für Backwaren, geröstet als Kaffeeersatz, später auch als Öllieferant für den täglichen Gebrauch, für Industrie und Pharmazie und auch als Vogelfutter.

Sonnenblumen waren es auch, die man quasi als Pioniere ins Feld

schickte, als die Idee »Blumen zum Selberschneiden« aufkam. Siebzig bis achtzig Cent kostet derzeit eine selbst gepflückte Sonnenblume. Das Geld ist unkontrolliert in eine Bezahlbox zu werfen, und wenn dies drei Viertel der Kunden tun, kommt der Betreiber auf seine Kosten. Ich habe zu diesem Thema auf einem Feld ein nettes Plakat entdeckt:
Sonnenblume, goldner Schein / auf dem Feld, in deinem Heim. / Doch noch schöner wird ihr Strahlen / tust du ehrlich sie bezahlen!

Wer Sonnenblumen im eigenen Garten anbauen will, hat die Wahl zwischen niedrigen Sorten – wie etwa »Sunspot« mit einer Höhe von etwa vierzig Zentimetern – und hohen Sorten, wobei »King Kong« bis zu vier Meter hoch werden kann. Um vieles reizvoller aber finde ich die nicht geplanten Sonnenblumen. Jene, die aus verstreutem Vogelfutter heimlich irgendwo in meinem Garten aufkeimen und sich später in ihrer ganzen kraftstrotzenden Länge dekorativ an die Pergola, den Geräteschuppen oder die Regenrinne lehnen. Ab Ende August, wenn die Samen reif sind, kann ich dann die Meisen beobachten, wie sie auf den schweren Blütenständen emsig zu Werke gehen, die Körner herauspicken, schälen und verspeisen. Viele davon fallen auch auf den Boden und sorgen dafür, dass der goldene Sonnenblumenreigen im nächsten Jahr wieder aufs Neue beginnt.

Was tun mit dem Erntesegen?

Neulich am Wesslinger See – Ende August war's, ein warmer Sommertag mit ländlich kunterbunter, über Gartenzäune wogender Blumenfülle (pro Blüte mindestens eine Biene oder Hummel). Nach meinem Spaziergang durch Wiesen und Wald entdeckte ich im Ort vor einem Gartentürchen einen Eimer mit dem Schild »Äpfel kostenlos zum Mitnehmen«. (Leider war aber keiner mehr drin, als ich um drei Uhr nachmittags vorbeikam.) Und ein paar Meter weiter vor einem anderen Anwesen ein Tischchen, auf dem »1 Kilo Mirabellen 1 Euro« angeboten wurden. (Im Laden habe ich das Kilo für 4,99 oder gar 5,99 Euro ausgeschrieben gesehen.) In der Plastikdose daneben lagen denn auch schon mehrere Euromünzen und bestätigten so die gute Meinung, welche die Gartenbesitzer allem Anschein nach hier noch von ihren Mitmenschen haben.

Es ist ein besonders ertragreiches Jahr für die oberbayerischen Obstgärtner; vor allem Äpfel gibt es »zum Sau fuadan«, wie es im landläufigen Dialekt heißt. (Meine Freundin B. fährt übrigens tatsächlich den Überfluss ihres Apfelbaums zu einem nahe gelegenen Gnadenhof, wo sich Pferde, Schweine und andere Tiere über diesen schmackhaften Leckerbissen freuen.)

So wie am Wesslinger See ist es heutzutage allerdings keine Selbstverständlichkeit mehr, dass die Früchte der alten Obstbäume, die noch in den Villengärten stehen, geerntet und verwertet werden. Vielerorts lässt man sie einfach hängen (was die Stare im Herbst und die Amseln im Winter freut), und was runterfällt, verrottet in der Wiese oder wird vom Rasenmäher geschnetzelt.

Wenn ich es genau bedenke, so hat ein Nutzgarten generell die fatale Eigenschaft, entweder zu wenig oder zu viel zu produzieren. Abgesehen von Frosteinbrüchen, Schneckenkahlfraß, Wurmbefall, Wühlmausunterwanderung, Pilzkrankheiten, Läuse- und sonstigen Insektenattacken wächst und gedeiht es im Gemüse- und Salatbeet im Frühjahr zunächst nur sehr zögerlich – und man erntet Radieschen ungeduldig oft schon, wenn sich an ihren rosaroten Schwänzchen erste erbsengroße Kugeln zeigen. Den nachfolgenden Rettichen wird man dann allerdings bald kaum mehr Herr und bietet sie den Nachbarn über den Gartenzaun an: »An schönen Radi hätt i für Euch zur Brotzeit!« Genauso, wenn nicht noch dramatischer, schaut's mit dem Salat aus. Der braucht scheinbar ewig, bis er sich richtig »kopft«, und bis man dann zweimal hinschaut, ist er auch schon ausgewachsen. So viel Salat auf einmal kann nicht einmal eine fünfköpfige Veganer-Familie verputzen. Darum schallt jetzt die Frage »Megt's koan Salat?« zu den angrenzenden Grundstückseignern hinüber. Selbst langjährige gutnachbarschaftliche Beziehungen leiden darunter, wenn diese Suggestivfrage fast täglich und immer dringlicher gestellt wird.

Der Sommer ist dann die Jahreszeit, in der im Obst-und Gemüsegarten alles gleichzeitig und in Mengen reift. Vieles davon macht keine Probleme, denn es kann für die Vorratshaltung gelagert, gesaftet, eingekocht oder eingefroren werden; vor allem aber hat man es natürlich für den sofortigen Verzehr angebaut. Auch Tomaten und Zucchini, selbstverständlich. Aber wenn es zum siebten Mal in der Woche mittags Ratatouille und abends Tomate-Mozzarella gibt, meutert selbst die überzeugteste Hobbygärtnerfamilie. – Und sie wünscht sich essenstechnisch bereits Ende August den Winter herbei. Denn dann gibt's das Gemüse Marke Eigenbau aus der Gefriertruhe, und zwar jeden Tag ein anderes. Bis sich im nächsten Frühjahr das Gartenkarussell von Neuem zu drehen beginnt …

Natürlich lässt sich der private Gemüseanbau auch aus anderen Blickwinkeln beleuchten: Er macht Spaß, ist kostensparend und auf alle Fälle gesund. Trotzdem bin ich froh, dass diese Episode für mich altersbedingt zu Ende ist. Natürlich ziehe ich noch ein paar Kräuter und erfreue mich an einem Tomatenstrauch im Blumentopf, und wenn mich der Übermut packt, kaufe ich mir im Frühjahr sogar ein Zucchini-Pflänzchen (mit der Ausrede, dass es ja so schön blüht).

Außerdem leiste ich mir etwas für einen Blumengarten ziemlich Exotisches: Jeden Mai vergrabe ich drei meiner Winterkartoffeln im

Staudenbeet an der Sonnenseite. Auch heuer wieder. Als ich nun bemerkt habe, dass die Blätter welk werden, konnte ich meine Neugierde nicht mehr zügeln und habe zur Grabgabel gegriffen – und zwei Dutzend perfekte goldgelbe Erdäpfel ans Tageslicht befördert. Diese wunderbare unsichtbare Kartoffelvermehrung ist für mich alle Jahre wieder ein spannendes Erlebnis. Zum Mittagessen koche ich mir sofort drei in der Schale und esse sie mit Butter und Schnittlauch – eine Delikatesse!

Bei dieser überschaubaren Ausbeute erübrigt sich auch die Frage: Wohin mit dem Erntesegen …

Gedanken zum richtigen Garten-Outfit

Bezüglich der inhaltlichen Qualität von Rosamunde-Pilcher-Filmen kann man gewiss geteilter Meinung sein. In einem Punkt sind sich die Fernsehzuschauer jedoch einig: Die Landschaft – Cornwall –, die hier in den schönsten Farben und Einstellungen von ihrer Schokoladenseite gezeigt wird, ist absolut sehenswert und entschädigt für so manchen Handlungskitsch.

Oft ist in diesen Filmen eine Schlossherrin zu sehen, die sich als kundige Gärtnerin betätigt: Im duftigen Sommerkleid und mit einem breitrandigen Strohhut auf dem perfekt ondulierten Haar, bis zur Hüfte umrankt von makellosen David-Austin-Rosen schneidet die Lady Blumen für einen opulenten Strauß und arrangiert sie gefällig in dem am Arm schwingenden Henkelkorb.

Was für ein idyllisches Bild! Wer noch keine praktische Erfahrung mit Gartenarbeit gemacht hat, ist geneigt, in solchem Tun die absolute Erfüllung sämtlicher romantischen Wunschträume zu sehen.

Doch das Bild trügt. Die Hobbygärtnerin kann bei einem solchen Anblick in ihrem Fernsehsessel höchstens seufzen: »Schön wär's!« Von der Realität ist diese Leinwand-Rosenlady jedenfalls Lichtjahre entfernt.

Möglich, dass sich eine englische Schlossherrin in Chiffonkleid und Panamahut ein paar Rosen für die Vase schneidet. Eine Gärtnerin ist sie deswegen noch lange nicht. Um in England zu bleiben: Sogar die berühmte Vita Sackville-West, Schöpferin von Sissinghurst Castle Garden, schlüpfte zum Gärtnern in rustikale Cordhosen und Schnürstiefel.

Ein Hut scheint bei der Gartenarbeit seit Generationen unabdingbar zu sein. So trägt zum Beispiel Hermann Hesse auf allen Bildern, die ihn in seinen Gärten arbeitend zeigen, eine solche Kopfbedeckung. Außerdem eine lange Gartenschürze. So eine – grün, aus strapazierfähigem Baumwollstoff und mit einer aufgenähten großen Tasche in der Mitte – zog auch mein Vater über die ausrangierte Anzughose und das kragenlose Hemd, wenn er im Garten zur Tat schritt. Heute scheinen lange Gärtnerschürzen aus der Mode gekommen zu sein. Man sieht, wenn überhaupt, nur lendenschurzkurze Modelle, dafür haben die aber jede Menge Taschen und Laschen zum Verstauen von Kleingeräten und sonstigen Gartenutensilien.

Sowohl Freizeitgärtner als auch Freizeitgärtnerin werden bei der Gartenarbeit wohl in der Regel ihre alten Sachen auftragen, vorausgesetzt, die sind bequem und praktisch in Material und Schnitt. Man sollte allerdings die Saloppheit nicht übertreiben, wie dies mein Vater gerne tat. Trotz Protests seitens meiner Mutter zog er gern eine uralte Tweedjoppe an, die so ramponiert war, dass sie höchstens noch für eine Vogelscheuche getaugt hätte. Und so kam es zu einer kuriosen Begebenheit, die im Familienkreis heute noch gern erzählt wird: Damals bereits ein rüstiger Achtziger, fuhr mein Vater eines Tages in ausgebeulten Hosen und der bewussten Joppe den voll beladenen

Schubkarren zu einer nahen Kompostdeponie. Auf dem Weg dorthin begegnete ihm ein fremder Herr, der in dem Rechtsanwalt a. D. aufgrund seines desolaten Outfits einen armen, ausgebeuteten alten Mann sah – und ihm fünf Mark schenkte. (Nachspiel zu Hause. Mutter, entsetzt: »Und die hast du angenommen?« Vater, verschmitzt: »Freilich, ich wollte ihm seine Illusion nicht zerstören.«)

Ich scheine etwas von Vaters Faible für unkonventionelle Gartenbekleidung geerbt zu haben. Aber das soll sich jetzt ändern. Denn …

Eines schönen Morgens gehe ich schon um sieben Uhr in den Garten, um meine frühe Energie zum Efeuroden zu nützen. Ich steige in die noch vom Vortag dreckigen Jeans und Gummistiefel. Oben herum trage ich ein altes blaues Herrenhemd, um den Hals habe ich mir ein rot kariertes Baumwolltuch geknotet, und die Haare stecken, damit sich keine Zweige in ihnen verfangen, unter der Kapuze einer grünen Windjacke. Dazu noch gelbe Gartenhandschuhe – fertig ist der Papagei.

Da ich keine unmittelbaren Nachbarn habe, ist zu so früher Morgenstunde nicht mit Publikum zu rechnen. Aber ich arbeite länger, als ich eigentlich vorhatte, und als es am Gartentor klingelt, ist das nicht der Paketbote, sondern ein guter Bekannter. Ein sehr guter Bekannter aus früheren Tagen, gerade auf der Durchreise, dem man als Frau eigentlich gepflegt und distinguiert entgegentreten möchte und nicht in verdreckten Pop-Art-Klamotten. Insbesondere in einem Alter, in dem der Charme der Jugend dahin und somit nicht mehr in der Lage ist, von einem unvorteilhaften Äußeren abzulenken.

Wie gesagt: Ich will mich kleidertechnisch ändern beziehungsweise habe dies bereits getan. Zwar trage ich bei der Gartenarbeit nach wie vor alte Hosen und Shirts, aber die sind jetzt sauber (zumindest anfänglich). Gummistiefel und Gartenpantoffeln habe ich übrigens gegen feste Wanderstiefel eingetauscht, weil die mehr Halt geben. Und auch eine vernünftige Kopfbedeckung ist keineswegs zu verachten.

Aber es wird sicherlich nicht so weit kommen, dass ich mir Arbeitshandschuhe aus der Laura Ashley Garden-Kollektion zulege. Mit Blümchenmuster. Oder gar noch Schaftstiefel und Schirm im gleichen Dessin, wie sie derzeit in meinem Gartencenter angeboten werden.

Der verwaiste Garten

Einer meiner Spazierwege führt mich schon seit vielen Jahren durch eine kleine gewachsene Siedlung mit überwiegend älteren Einfamilienhäusern inmitten großzügig bemessener Gärten. Kein Protz mit dorischer Säulenvorhalle und Polyrattan-Loungemöbeln auf Rollrasen, aber auch keine von lieblosem Desinteresse zeugende Vernachlässigung, sondern allenthalben mit Fleiß und Geschick instand gehaltene, von ihren Besitzern sichtlich geliebte Gartenrefugien.

Anfänglich hingen in vielen Gärten noch hölzerne Kinderschaukeln an den robusten Ästen alter Obstbäume. Neben Beerensträuchern konnte man häufig auch gut bestückte Gemüsebeete sehen. Üppig blühende Blumenrabatten im Vorgarten und am Haus waren eine Selbstverständlichkeit. Die Nachbarn schienen miteinander im freundlichen Wettstreit um den schönsten Garten zu liegen.

Etwa zwanzig Jahre später begannen die Gärten zu schrumpfen. Sie wurden wegen Anbauten am Haus, wegen Zweitgaragen oder Carports zurechtgestutzt. Gemüsegarten und Beerenobst blieben meist auf der Strecke. Ihnen folgten die Obstbäume im Tausch gegen einen Pool. Und wo sich eine neue Generation Kinder einstellte, ersetzte man die hölzerne Schaukel durch Metall und quietschbuntes Plastik.

Manche Gärten sind aber auch kinderlos geblieben. Das waren schon immer die schönsten. Wurden sie doch weder durch ruppige Spiele ramponiert, noch mussten sie die Zuwendung ihrer Besitzer teilen.

Allerdings kommen die fleißigen Gärtner und Gärtnerinnen nun langsam in die Jahre. Die Spaziergängerin kann beim Blick über Zaun und Hecke feststellen, dass ihnen die Gartenarbeit zunehmend Mühe bereitet. Ein paar Sommer später ist dann zu beobachten, dass man hier und da ein Schattenbeet oder Rosenrondell, die Stangenbohnen oder Johannisbeersträucher aufgegeben hat. Ein besonders leidenschaftliches Gärtner-Ehepaar will anscheinend nicht so schnell klein beigeben und zieht das Gemüse nun im rückenfreundlichen Hochbeet.

Wenn es die Gesundheit zulässt, ist der Garten zweifellos ein ideales Betätigungsfeld gerade für ältere Menschen. Sie können je nach Tagesform mehr oder weniger viel darin herumwerkeln, betreiben so eine gesunde Art von Freiluftgymnastik und haben zudem ein schönes Erfolgserlebnis, wenn sie abends krumm, müde, aber glücklich über ihre Scholle wandern. Und wenn nach und nach die Kräfte schwinden und Krankheiten ihren Tribut fordern, dann lehrt der Garten auf sanfte, aber beharrliche Weise die notwendige letzte Disziplin: das Loslassen. Ganz allmählich, Baum für Baum, Strauch für Strauch, Beet für Beet …

So schließen sich in meiner kleinen Stadtrandsiedlung immer mal wieder an einem der Einfamilienhäuser die Fensterläden für immer. Oft schon wenige Monate später rollt das Abrisskommando an und schafft Platz für einen modernen Dreispänner. Bauplatz ist teuer, und der alte Garten – bisher »brachliegendes Kapital« – ist ja groß genug.

Der alte Garten. Manchmal passiert mit ihm aber auch längere Zeit gar nichts, und ich kann ihn über ein, zwei oder mehr Jahre beobachten. Viele Jahrzehnte lang ist er gehegt und gepflegt worden, jetzt ist er verwaist. Wie kommt er damit klar? Ist er traurig, dass Frau X oder Herr Y ihn nicht mehr vom Unkraut befreit oder nicht mehr gießt? Als Mensch ist man versucht, menschliche Gefühlsregungen auch in die Natur hineinzuinterpretieren. Gut, es gibt Fälle, wo beispielsweise die Lieblingsrose einer Dame kurz nach deren Tod aus unerfindlichen Gründen eingegangen ist. Aber das dürfte die Ausnahme sein.

Nachdem ich einen verwaisten Garten über drei Sommer beobachtete, habe ich zu meinem Erstaunen festgestellt, dass er keineswegs kümmert. Zwar wächst nicht mehr so viel und vor allem nicht mehr so geordnet wie früher, aber das scheint ihm nichts auszumachen, auch dass er nicht mehr bewässert wird. Ich habe sogar den Eindruck, dass er gewissermaßen über die Stränge schlägt. Das Gras wächst und wächst, nicht nur auf der Wiese, sondern auch in Büscheln auf dem Zufahrtsweg und auf der Terrasse. Die Kletterrose ist dabei, das Dachgeschoss zu erklimmen, am ehemaligen Vogelfutterplatz wogt ein kleines Sonnenblumenfeld, und im Staudenbeet sonnt sich Springkraut en masse.

Das alles macht mir eher den Eindruck, als sei der verwaiste Garten alles andere als traurig, sondern im Gegenteil lustig und fidel, ja geradezu übermütig, dass ihn nach langen Jahren der Unterwerfung endlich kein akribischer Gärtner und keine gestaltungswütige Gärtnerin mehr bändigen und nach eigenem Willen formen wollen.

Herbst

Der Herbst ist der Höhepunkt des Gartenjahres –
die Erntezeit und auch die Dankeszeit,
ein Dank an die Natur.
(Gabriella Pape)

Die Last mit dem Laub

So wehmütig es mich auch stimmt, wenn sich das Laub färbt – schließlich ist dies ein sicheres Zeichen, dass der Sommer zu schwächeln beginnt –, so freue ich mich doch wieder jedes Jahr aufs Neue über die malerisch bunten Blätter. Keines schaut aus wie das andere, jedes ist ein Unikat, gestaltet vom genialen Artdirector Herbst. Wie schon als Kind hebe ich auch heute noch das eine oder andere besonders schön kolorierte Ahornblatt auf und lege es als Lesezeichen zwischen Buchseiten.

Ich bin keine, die im Herbst akribisch hinter jedem zu Boden fallenden Blättchen herjagt, sondern lasse immer eine gerade noch zu bewältigende Menge zusammenkommen, bevor ich zum Drahtkehrbesen greife. Nicht zum Laubbläser! Der ist in meinem Garten tabu, auch für meine gelegentlichen Helfer. Es reicht schon, wenn ringsum das große Morden an den Kleinlebewesen anhebt, die Feinstaubbelastung steigt und der Lärm dieser unseligen Dinger gegen die Herbstpoesie andröhnt.

Jakob Augstein bringt es in seinem Gartenbuch auf den Punkt: »Eine Sache tut der Gärtner nicht: Er benutzt keinen Laubbläser. Und wenn, dann muss man ihm zeigen, was eine Harke ist.« Wir Oberbayern harken nicht, wir rechen. Von den dafür in Frage kommenden Gerätschaften gibt es bekanntlich eine Vielzahl. Seit ein paar Jahren auch ganz besonders breite Plastikkehrer, denen ich allerdings wenig abgewinnen kann. Dann starte ich schon lieber noch einmal den Rasenmäher, um die kleingehäckselten Blätter gleich platzsparend im Grassack aufzufangen.

Wenn ich eines schönen Herbsttages gerade mal wieder meine allwöchentliche Laubkehrarbeit beendet habe und (fast) kein Blatt mehr die Wiese schändet – dann kommt garantiert »Christoph«. Er kündigt sich, noch unsichtbar, mit dumpfem, schnell lauter und bedrohlicher werdendem Grollen an, bis er schließlich mit infernalischem Knattern und Sirren über den wogenden Parkbaumwipfeln sichtbar wird. Sekunden später senkt er sich fauchend auf die städtische Wiese jenseits meines Gartenzauns herab und lässt seine Umgebung aussehen wie nach einem mittleren Tornado. Nachdem er das nahe Krankenhaus mit einem besonders dringlichen Fall beliefert hat, entfernt sich der Rettungshubschrauber kurze Zeit später wieder unter den gleichen Begleitumständen – und ich stehe knöcheltief in frischem Laub und dürren Ästen und kann wieder ganz von vorne anfangen …

Wenn nicht »Christoph«, dann ist es ein kräftiger Westwind, der für Blätternachschub von den Alleebäumen sorgt. Auch dagegen ist man als Gartenbesitzer machtlos; man muss es nehmen, wie es kommt. Aber wehe, Laub von den eigenen Bäumen fällt auf den öffentlichen Gehweg vorm Haus! Das muss man schleunigst entfernen, sonst ist man dran, wegen Verletzung der Verkehrssicherungspflicht.

Hat man das Laub schließlich zusammengerecht, folgt auch schon das nächste Problem: Wohin damit? Im Garten liegen bleiben soll es nicht, zumindest nicht auf dem Rasen, höchstens als Winterschutz auf Baumscheiben und unter Sträuchern. Für vorschriftsmäßige Gärtner stellt sich die Frage nach dem Wohin natürlich nicht, denn die haben selbstverständlich einen Komposthaufen. Eine andere Möglichkeit wäre, das Laub zum Wertstoffhof zu bringen. In diesem Fall mutiert man als Gartenbesitzer zum Verpackungskünstler und entwickelt ungeahnte Kräfte beim Vollstopfen der Abfallsäcke bis zum Platzen. Hat man es endlich bis zur Biosammelstelle geschafft, ist Geduld gefragt, denn um diese Jahreszeit wollen auch noch viele, viele andere Gartler ihr Laub loswerden.

Sind Ende November schließlich alle Blätter unten, brauche ich für einen allerletzten Laubarbeitsgang noch jemanden, der auf die große Leiter steigt, um die Dachrinne zu reinigen. Für gutes Geld und eine ebensolche Brotzeit und Getränke, versteht sich. In seinem Endstadium kann das Blattwerk von Busch und Baum also ganz schön arbeitsaufwendig bis teuer werden. Die Lieferung erfolgt zwar vonseiten der Natur kostenlos, die Entsorgung ist dann allerdings Sache der Gartenbesitzer.

Was aber wäre die Alternative? Die Laubbäume aus dem Garten verbannen und stattdessen Koniferen pflanzen? Ohne mich. Kann ich es doch kaum erwarten, bis im nächsten Frühjahr wieder die neuen zartgrünen Blattspitzen austreiben!

Herbstzeit – Kürbiszeit

Sonnenblumen, Dahlien, Gladiolen sind noch nicht abgeerntet, da werden im August auf den kommerziellen Blumenfeldern die Stellagen für Zucchini aufgestellt, zu denen sich wenig später ihre Artgenossen, die Kürbisse, gesellen. Ihre leuchtenden, vitalen Farben können nicht darüber hinwegtäuschen, dass der Sommer unaufhaltsam in den Herbst übergeht.

Kulinarisch kann ich der allgemeinen Kürbis-Euphorie zwar durchaus widerstehen; zwei-, dreimal Kürbissuppe während der Saison, mehr muss nicht sein. Ich mag Kürbisse vor allem wegen ihrer Farben- und vor allem Formenvielfalt. Also (wieder einmal) ab ins Gartencenter, wo um diese Jahreszeit wahre Kürbisaltäre aufgebaut sind.

In Lattenkisten, auf Strohballen und umrankt von künstlichem Weinlaub drängen sich da unter anderem: Der allbekannte Hokkaido und der große Muskatkürbis, aus dem sich wie bei einem Gugelhupf die einzelnen Rippen portionsweise herausschneiden lassen; der ebenfalls große, terrakottafarbene Pumpkin, der hauptsächlich zum Basteln von Halloween-Laternen verwendet wird; die attraktive Bischofsmütze, die allerdings in meinen Augen eher der Kopfbedeckung Balthasars, des dritten Weisen aus dem Morgenland in der Weihnachtskrippe, ähnelt; der schlichte, in seinem Innern jedoch höchst erstaunliche Spaghettikürbis; der dekorative Flaschenkürbis; der schlangenförmige Trombolino sowie der Patisson, der wie ein gestreiftes Ufo ausschaut; und schließlich der gespenstergraugrüne Marble-Kürbis, dessen Fleisch nach Esskastanien schmeckt. Dazu viele, viele kleinere Zierkürbisse, rund, birnenförmig, gezackt oder pickelig, einfarbig oder gestreift … Auch die größte Kürbisschau kann nur die gängigsten Vertreter aus etwa achthundert Sorten zeigen.

Der Kürbis *(Cucurbita)* ist eine der ältesten (ca. 8000–10000 v. Chr.) domestizierten Pflanzen der Erde und wird, ausgehend von Amerika, seit dem 16. Jahrhundert weltweit und in rund fünfzehn Arten kultiviert. Die landläufig bekanntesten davon sind die Riesenkürbisse, zu denen zum Beispiel der Hokkaido gehört, die Moschus-Kürbisse mit ihrem prominenten Vertreter, dem Birnenkürbis (»Butternut«), und die Gartenkürbisse, zu denen auch der Steirische Ölkürbis zählt.

Die Heimat des Kürbis, Amerika, ist gleichfalls die Heimat der Kürbis-Wettbewerbe, die zwischenzeitlich auch bei uns angesagt und genauso straff durchorganisiert sind. Bei der Deutschen Meisterschaft 2012 kam zum Beispiel der schwerste Kürbis mit siebenhundertzweiundsechzig Kilo auf die Waage, bei der Europameisterschaft waren es siebenhundertachtundsechzig Kilo, und in den USA – wie könnte es anders sein – lag das Höchstgewicht bei achthunderteinundzwanzig Kilo. Das Ganze erfordert nicht nur eine züchterische, sondern auch eine logistische Meisterleistung.

Dass der Kürbis zum Gigantismus neigt, zeigt sich schon bei der Pflanze. Man kann direkt zuschauen, wie sie wächst und wächst und wächst. In meinen Augen ist sie überhaupt *die* Pflanze für Kinder oder auch für erwachsene Gärtnereleven, die ein möglichst schnelles Erfolgserlebnis brauchen, damit sie nicht schon nach vier Wochen den Spaten wieder abgeben.

Hin und wieder kann sich aus ersten kindlichen Pflanzversuchen im Blumentopf mit den Jahren gar ein ausgesprochener Kürbis-Fan entwickeln. Ein gutes Beispiel dafür ist die Tochter einer Freundin, die es nach der Heirat von Tirol nach Hessen aufs Land verschlagen hat, wo sie alsbald daran ging, einen brachliegenden Acker in ein Kürbisfeld zu verwandeln. Jahr für Jahr zieht sie heute darauf bis zu vierzig Sorten Kürbis, erntet und verkauft sie in natura beziehungsweise zu Marmeladen, Chutneys oder auch in Kuchen verarbeitet in ihrem Hofladen.

Ein paar Jahre lang habe auch ich in meinem Garten Kürbisse angebaut und die Früchte zum größten Teil verschenkt. Als sich mit zunehmendem kommerziellen Angebot die Begeisterung bei meinen Abnehmern immer mehr in Grenzen hielt, habe ich die Sache wieder bleiben lassen.

Die Kürbispflanze ist sehr raumgreifend, und so schrecken viele davor zurück, sie in ihren Garten zu holen. Dabei braucht man ihr gar nicht unbedingt einen Platz in einem Beet einzuräumen. Als grüne Schabracke über dem Komposthaufen wird sie diesen den ganzen Sommer über höchst attraktiv verhüllen und zudem mit goldgelben Blütentrompeten und herrlichen Früchten behängen.

Garten-Teamwork mit Vorbehalt

Frau und Mann, das ist schon von Natur aus eine schwierige Konstellation. Gärtnerin und Gärtner noch viel mehr. Vor allem, wenn es sich um Ehe- oder anderweitige Zweierbeziehungen handelt. Man sagt zwar, eine der besten Voraussetzung, um eine Partnerschaft möglichst lange am Leben zu erhalten, sei die Pflege gemeinsamer Interessen, doch ich bezweifle, ob dies auch auf das Hobbygärtnern zutrifft.

Bin ich zum Beispiel irgendwo zu Besuch und werde in den Garten geführt – wer zeigt und erklärt mir alles? Entweder die Gastgeberin oder der Gastgeber, keinesfalls aber beide zusammen. Das Gleiche beobachte ich auch auf meinen Reisen zu Privatgärten: Entweder die Hausfrau stellt den Garten vor oder aber der Hausherr, je nachdem, wer von beiden sich als sein Schöpfer sieht.

Wenn ich dieses Phänomen im Folgenden ein wenig zu vertiefen versuche, tue ich das naturgemäß aus Sicht der Frau. Und beginne doch mit Edmund Stoiber, dem ehemaligen bayerischen Ministerpräsidenten, der einmal gesagt hat, dass er seiner Gattin ab und zu hilft, »eine Blume hinzurichten«. Woraus zu schließen ist, dass bei Stoibers in Wolfratshausen Frau Karin die Gärtnerin ist.

Ja, warum können eigentlich Mann und Frau als gleichermaßen begeisterte Freizeitgärtner nicht gemeinsam ihre Scholle bearbeiten und gestalten? Ich glaube, weil kein Garten zwei Meister duldet. Und weil zwei dem Gartenhobby verfallene Menschen, sofern sie nicht geklont sind, immer zwei Meinungen vertreten werden. Das wohl prominenteste Beispiel dafür ist das englische Ehepaar Vita Sackvill-West und Harold Nicolson, dem jedoch letztendlich trotz aller Meinungsverschiedenheiten das große Gartenwerk von Sissinghurst Castle gelang.

Über gegensätzliche Aspekte in Sachen Garten kann man entweder so lange diskutieren, bis das Gartenjahr oder im schlimmsten Fall die Beziehung zu Ende ist. Oder einer der beiden Gärtner wirft das Handtuch und reduziert seine Tätigkeit auf Handlangerdienste. Oder er/sie sucht sich gleich eine andere Lieblingsbeschäftigung.

Apropos Handlangerdienste: Die wünschten sich vor allem gärtnernde Frauen. Denn sie sind in der Regel geschickter im Umgang mit dem Pikierstab als mit der Teleskop-Baumschere. Doch entweder hat sich der Mann in den gärtnerischen Schmollwinkel zurückgezogen und verweigert die niederen Dienste, oder er hat mit der Gartenarbeit absolut nichts am Hut und für manuelle Tätigkeiten von Natur aus zwei linke Hände. Dann ist er sowieso generell unbrauchbar.

Hat aber der Mann das Sagen im Garten, so erwartet er ganz selbstverständlich die Assistenz der Frau. Ihre Meinung, wo die neue Sternmagnolie hingepflanzt werden soll, ist zwar nicht gefragt, dafür darf sie aber gerne mähen, gießen, den Kompost umsetzen, Beeren zupfen und einkochen und im Herbst das Laub wegrechen.

Auch in meiner Familie war immer nur eine Person für den Garten zuständig: zuerst jahrzehntelang mein Vater, dann meine Mutter. Jetzt bin ich dran. Und da der Rest der Familie was Gartenarbeit anbelangt weder geeignet noch willens ist, muss ich mir eben gelegentlich bezahlte Hilfskräfte holen. Und ich kann Ihnen sagen, das ist gar keine so schlechte Alternative. Denn einem Gärtner, den man stundenweise entlohnt, kann man anschaffen, was man will, und er wird es in der Regel prompt, kommentar- und kritiklos erledigen. Etwas, wovon ich bei meinen Lieben nur träumen kann.

Kleingartenanlagen: Gärtnern nach Vorschrift

Neulich sah ich im Fernsehen einen Krimi, bei dem es um die Aufklärung eines Mordes in einem Schrebergarten ging. Wie sich bei der Obduktion der Leiche herausstellte, war das Opfer mit einem Unkrautvernichtungsmittel vergiftet worden. Der Täter hatte sich demnach gleich zwei Dinge zuschulden kommen lassen: zum einen den Mord, zum andern den Einsatz eines Herbizids in einer Kleingartenanlage.

Verständlicherweise spielte Letzteres in besagtem Krimi bei der Beweisaufnahme nur eine untergeordnete Rolle. Die Geschichte fällt mir nur deshalb wieder ein, weil ich kürzlich dahingehend aufgeklärt wurde, dass jedwede Anwendung von Unkrautvernichtungsmitteln in Kleingärten verboten ist. Nachzulesen in der »Gartenordnung für die Bahn-Landwirtschaft, Bezirk München e.V.«

Die habe ich mir geben lassen, nachdem ich in einem dieser Gärten zu einem Erntedankfest eingeladen war. Es war übrigens ein ganz besonders gelungenes Fest mit lauter netten Leuten, Biertischen und -bänken zwischen Gemüse- und Blumenbeeten und unter abgeernteten Obstbäumen, mit Unmengen von Getränken, Gegrilltem, selbstgemachten Salaten und Kuchen, mit Plumpsklo und gemeinsamem Abwasch im Freien, wobei das gebrauchte Wasser in die Regentonne wanderte.

Wie jeder privilegierte Besitzer eines eigenen Gartens kannte ich bisher Klein- bzw. Schrebergärten nur vom Über-den-Zaun-Gucken beziehungsweise vom Hörensagen. Jetzt will ich mehr über sie erfahren.

Das Internet belehrt mich, dass beispielsweise die Gärten der Bahn-Landwirtschaft (»Eisenbahnergärten«) und auch jene der Arbeiterbewegung (»Arbeitergärten«) Mitte des 19. Jahrhunderts als sogenannte Armengärten vor allem in den Städten entstanden, um

Hunger und Verarmung der deutschen Bevölkerung entgegenzuwirken. Die Menschen konnten auf den ausgewiesenen Parzellen für billige Pacht ihr eigenes Gemüse ziehen.

Wenn ich es recht bedenke, dann kommt möglicherweise gar der bayerische Kurfürst Carl Theodor (1724–1799) als Urvater dieses Gedankens in Betracht. Er war es nämlich, der auf Anregung seines späteren Kriegsministers Benjamin Thompson (Reichsgraf von Rumford) bereits 1789 verfügte, dass auf seinem herrschaftlichen Münchner Jagdgebiet Hirschanger ein Militärgarten anzulegen sei, in welchem Soldaten seiner desolaten Armee Gemüse für den eigenen Lebensunterhalt anbauen sollten. Aus diesen Militärgärten wurde schon bald der Englische Garten.

Die Entwicklungsgeschichte der Schrebergärten basiert auf einem anderen Ansatz. Der namensgebende Leipziger Arzt Moritz Schreber (1808–1861) hatte sich insbesondere der Gesundheit von Kindern unter Berücksichtigung der sozialen Folgen des Stadtlebens am Beginn der Industrialisierung verschrieben. Die Gründung des ersten Schrebergartenvereins 1864 geht auf die Initiative seines Mitstreiters, des Schuldirektors Ernst Innozenz Hauschild, zurück. Von einer anfänglichen Spielwiese, auf der Kinder von Fabrikarbeitern unter pädagogischer Betreuung spielen und turnen konnten, über Kinderbeete bis hin zu parzellierten und umzäunten Familienbeeten war schließlich der Schrebergarten, so wie wir ihn heute kennen, geboren.

Wo eine größere Anzahl von Menschen gemeinschaftlich einer Sache nachgeht, noch dazu auf relativ engem Raum, muss es natürlich gewisse Regeln geben. Einleitend zur »Gartenordnung der Bahn-Landwirtschaft Bezirk München e.V.« steht die allgemeine Aufforderung, dass die einzelnen Pächter gut nachbarschaftlich zusammenarbeiten, aufeinander Rücksicht nehmen und ihre Gärten ordnungsgemäß bewirtschaften sollen. Dieses »ordnungsgemäß bewirtschaften« ist es denn auch, was den hauptsächlichen Unterschied zum Privatgarten ausmacht. In einem Kleingarten ist nämlich nicht alles erlaubt, was gefällt. Zum Beispiel Bäume, »die nach ihrer natürlichen Entwicklung eine Größe von 4 m Höhe oder 3 m Breite erreichen können«. Oder ausschließlich Blumenrabatten, denn auf zehn Prozent der Parzelle müssen Obst und Gemüse für den Eigenbedarf angebaut werden. Auch Gartenhäuschen oder Lauben, Sichtschutzwände, Hochbeete und dergleichen mehr unterliegen einer Zensur. Die Mitarbeit bei der Errichtung und Unterhaltung von Gemeinschaftsanlagen ist Ehrenpflicht und, und, und. Sämtliche Statuten der jeweiligen Gartenanlagen sind gewissermaßen Ableger eines Standardwerks mit dem Titel »Bundeskleingartengesetz«.

Trotz Ge- und Verboten sind Kleingärten begehrt und bleiben oft über Generationen in der Familie. Der Pachtzins fällt nicht allzu sehr ins Gewicht (beispielsweise kostet eine zweihundertneunzig Quadratmeter große Parzelle bei der Bahn-Landwirtschaft München im Jahr erschwingliche 122 Euro). Allerdings ist das Durchschnittsalter der Kleingartennutzer heutzutage relativ hoch, nämlich gut sechzig Jahre.

Ganz anders schaut es bei den sogenannten Krautgärten der Stadtgüter München sowie bei ähnlichen Einrichtungen aus. (Wie bisher beschränke ich mich auch bei diesem Thema auf den Raum München.) Für diese Art des Gärtnerns interessieren sich vor allem junge Familien mit kleinen Kindern. Geboren wurde die Idee zum einen vor dem Hintergrund, dass es in München weniger Kleingärten als in anderen Großstädten gibt, zum andern sollte eine Einkommensalternative für stadtnahe landwirtschaftliche Betriebe geschaffen werden. Der dritte Aspekt, die Möglichkeit der Selbstversorgung mit frischem, biologisch angebautem Gemüse, traf bei den Bürgern genau ins Schwarze. Flugs entstanden (bis 2012) sechs Krautgärten rund um die Landeshauptstadt, wo im Losverfahren jeweils für einen Sommer Parzellen unterschiedlicher Größe vergeben werden. Für dreißig Quadratmeter zahlt man zum Beispiel 63 Euro (2012). Angebaut werden darf nur Gemüse, die Jungpflanzen werden von der Gutsverwaltung zur Verfügung gestellt. Nachdem die Bewirtschaftung nach den Bioland-Richtlinien zum ökologischen Gartenbau erfolgt, sind sowohl mineralischer Dünger und chemische Pflanzenschutzmittel verboten. – Womit sich der Kreis zu meinem eingangs erwähnten Krimi wieder schließt.

Ahorn kontra Buche

Seit Kurzem weiß ich: Ich bin ein Ahorn! Zumindest nach dem Keltischen Baumhoroskop beziehungsweise Baumkalender. Hierbei wird der Jahreskreis statt in die bekannten zwölf Tierkreiszeichen in einundzwanzig verschiedene Baumarten unterteilt, die allesamt den Kelten heilig waren. Dazu zählen Laubbäume wie Buche und Kastanie ebenso wie Koniferen, zum Beispiel Tanne und Kiefer, oder aber Obstgehölze wie Apfel- und Feigenbaum.

In der Grenzwissenschaft der Esoterik wird gar die Ansicht vertreten, Bäume seien unsere älteren Geschwister. Fakt ist, dass von alters her Bäume bei Sehern und Schamanen Verehrung genossen und heilige Bäume und Baum-Kraftplätze bekundet sind.

»Bäume sind Heiligtümer. Wer mit ihnen zu sprechen, wer ihnen zuzuhören weiß, der erfährt die Wahrheit. Sie predigen nicht Lehren und Rezepte, sie predigen, um das Einzelne unbekümmert, das Urgesetz des Lebens.«

So formuliert es Hermann Hesse als einer von vielen Literaten, in deren Werken über die Jahrhunderte der Mythos Baum auftaucht.

Um auf das eingangs erwähnte Baumhoroskop zurückzukommen: Wenn ich also ein Ahorn bin (was übrigens soviel bedeutet wie »die Eigenwilligkeit«, was durchaus zutrifft), dann müsste ich nach meinem Verständnis ein ganz besonders inniges Verhältnis zu »meinem« Baum haben. Die äußeren Voraussetzungen dafür sind gegeben, denn es stehen drei prachtvolle alte Exemplare (*Acer platanoides*/Spitzahorn und *A. pseudoplatanus*/Bergahorn) in meinem Garten. Mein Verhältnis zu ihnen würde ich jedoch eher als ambivalent bezeichnen.

Im Frühling herrscht noch ausnahmslos Freude über sie, wenn an ihren Zweigen die wunderschönen zarten gelben Blütentuffs leuchten. Der vom Wind heruntergewedelte Blütenstaub hingegen geht mit dem Regen eine innige Verbindung ein und überzieht den Plattenweg mit einer schmierseifenähnlichen Konsistenz. Wenn sich nach der Blüte dann das Millionenheer der kleinen geflügelten Ahornfrüchte ausbildet, lassen mich meine Bäume auch daran teilhaben und schütten großzügig kiloweise hellgrüne »Nasenzwicker«, wie wir sie als Kinder genannt haben, auf Weg und Wiese. Den Rest halten sie fürs Erste zurück, um damit im Herbst, wenn die Flügelchen braun und die Fruchtkugeln auch garantiert keimfähig geworden sind, die nähere und weitere Umgebung damit zu beglücken.

Desgleichen auch mit Dutzenden von Schubkarren und Säcken voller Laub. Bevor es braun und matschig wird und zur Sisyphosarbeit ausartet, beschert es mir immerhin noch einige Glücksmomente. Zunächst ein paar Wochen lang beim Blick in die vom Sonnenlicht in strahlenden Goldtönen illuminierten Wipfel. Später dann, wenn ich an mildwarmen Altweibersommertagen den herb duftenden, bernsteinfarbenen Teppich durchwate und hier und dort ein besonders schön gefärbtes Blatt aufhebe.

Lediglich in der Zeitspanne zwischen Frühjahr und Herbst ist mein Verhältnis zu den Ahornen völlig ungetrübt. Dann bewähren sie sich als verlässliche Schattenspender, bieten den Gartenvögeln Rast-, Versteck- und Nistmöglichkeiten und verlangen bei längeren Trockenperioden nicht einmal einen zusätzlichen Schluck aus der Leitung, weil ihre Wurzeln so tief hinab und weit herum reichen. Unter anderem auch in eines meiner sensibleren Blumenbeete – aber ich will nichts Negatives mehr über meine *Acer* sagen.

Alles in allem schneidet der Ahorn in meiner Bewertung letztlich doch recht gut ab. Mein wahrer Favorit ist er – Baumhoroskop hin oder her – trotzdem nicht. Das ist die Buche. Und wäre ich nur zwei Monate und zwei Tage später, nämlich am 22. Dezember geboren, wäre ich auch nach dem Keltenkalender eine Buche. Sie steht nur für diesen einen Tag und bedeutet soviel wie »Das Gestalterische« (könnte passen). Aber, so lese ich im Erklärungstext weiter: »Buchen sind Siegertypen«. Und das passt überhaupt nicht. Weshalb ich ja schließlich auch keine Buche, sondern »nur« ein Ahorn geworden bin.

Um meinen Lieblingsbaum näher vorzustellen: Es handelt sich um eine Blutbuche *(Fagus sylvatica f. purpurea)*. Aber nicht um eine x-beliebige, sondern mindestens um ein Zehn-Meter-Exemplar, frei aufragend auf einer sanften Erhöhung inmitten einer weiten, saftig grünen Wiese; und unterm Baum muss eine altersgraue Steinbank stehen. Keine Ahnung, woher ich diese Vision habe. Aber mein Innerstes sagt mir: Das ist wahrhaft der Baum meiner Träume!

Leider kann ich ihn mir nicht in meinen Garten holen, nicht bei aller Liebe und nicht für viel Geld. Gesetzt den Fall, es gelänge überhaupt, so ein Monstrum zu verpflanzen, so müsste ich, um dafür Platz zu schaffen, ein Großteil meiner bisherigen Pflanzen herausreißen. Doch dieses Opfer ist mir nicht einmal mein Wunschbaum wert.

Überlebensgärten einst und jetzt

Wer von uns älteren Gärtnerinnen und Gärtnern, die wir heutzutage botanisch und oft auch finanziell aus dem Vollen schöpfen können, kümmernde Pflänzchen kurzerhand auf den Kompost befördern, Wurzelballen mitsamt der Erde entsorgen oder die mindere Ernte vom alten Apfelbaum an den Zweigen verschrumpeln lassen – wer von uns denkt eigentlich noch daran, wie es damals war, im und kurz nach dem zweiten Weltkrieg? Es ist dies eine Zeit, die wir so schnell wie möglich vergessen wollten und auch haben. Ein für allemal vorbei die schlimmen und entbehrungsreichen Jahre, in denen die Gärten – vor allem jene in der Stadt – reine Überlebensgärten waren.

Befand sich ein Städter vor siebzig Jahren in der glücklichen Lage, ein Stückchen Land sein Eigen nennen zu dürfen, so zog er darauf mit Sicherheit keine Tulpen oder Dahlien, sondern Kohl und Kartoffeln. Damals kam es nicht auf die Ästhetik der Beete an, sondern einzig und allein darauf, was auf ihnen an Essbarem gedieh. Gegärtnert wurde unter anderem auch in öffentlichen Parks oder auf Ruinengrundstücken. Auch so mancher herrschaftliche Garten, in dem oft über Generationen prachtvolle, aber leider ungenießbare Pflanzen kultiviert worden waren, wurde in jener Zeit umgewidmet. Und so sah man allenthalben Rhabarber statt Rhododendron, Zwiebeln statt Iris und Bohnen statt Hochstammrosen hinter exklusiven gemauerten oder schmiedeeisernen Gartenumzäunungen sprießen.

Auch mein Vater hatte in jenen Jahren den großen Garten meiner Kindheit für Verwandte und Freunde geöffnet, um sie dort ihre eigenen Überlebensbeete anlegen zu lassen. Nach und nach entstanden so auf dem fast zehntausend Quadratmeter großen Areal an allen möglichen und unmöglichen Stellen Mini-Schrebergärten, wenn auch ohne Hollywoodschaukel und Bepflanzungsreglement. Einem

Gartenarchitekten von heute würde sich beim Anblick der willkürlich gestalteten Hünengräber zwischen alten Obstbäumen, solitären Koniferen und Laubbäumen der Magen umdrehen. In der damaligen Zeit aber heiligte der Zweck, nämlich satt zu werden, sämtliche Mittel.

Jeder der damaligen Hobbygärtner buddelte nach eigenem Gutdünken mit mehr oder weniger Kenntnis und dementsprechendem Ernteerfolg. Anfänger setzten in der Regel auf Kartoffeln – ein ideales Grundnahrungsmittel und zudem pflegeleicht. Gut erinnere ich mich auch noch an die streng gehütete Tabakplantage eines betagten Herrn (welche wir Kinder einmal im Spiel mit unseren Steinschleudern verwüsteten und so den Mann unbeabsichtigt zum kalten Entzug zwangen). Die meisten Überlebensgärtner entschieden sich jedoch für »von jedem etwas«, was unserem Garten das Aussehen einer botanischen Patchwork-Decke verlieh.

Anders als in den Städten waren die Gärten auf dem Land in damaliger Zeit keiner Zäsur unterworfen. In den traditionellen Bauerngärten durften auch noch Blumen hinterm Staketenzaun blühen. Auf dem Land tat man sich auch leichter, um an die notwendigen Samen, Stecklinge und Zwiebeln zu kommen. Der benachteiligte Städter hingegen konnte zu diesem Zweck nicht einfach ins Gartencenter marschieren – so etwas gab es damals überhaupt noch nicht –; Pflanzen, Samen etc. erwarb man in Gärtnereien, wenn man Glück hatte, meist aber im Tauschhandel von anderen Hobbygärtnern.

Auch gebrauchsfertiger Dünger, wie wir ihn heute im Überangebot vorfinden, war in der »schlechten Zeit« Fehlanzeige. Gut, dass es damals auch in den Städten noch Versitzgruben gab, die verhinderten, dass die menschlichen Hinterlassenschaften ungenutzt in der Kanalisation verschwanden. Auch bäuerliche Betriebe existierten noch in einigen Vororten Münchens und gewährten den Überlebensgärtnern gegen einen Aufpreis beim Milchgeld gnädig ein paar Kübel Mist. In vielen Fällen musste aber auch nur eine Brennnesselbrühe reichen. Das heißt, zu Kriegsende und die Jahre danach konnte die auch nicht zum Einsatz kommen, weil die Brennnesseln in den Städten als vitaminreicher Spinatersatz im Kochtopf landeten. Dem einfallsreichen Hobbygärtner blieb also manchmal nur noch das »Potschamperl«, dessen Inhalt er jeden Morgen akribisch über sein Gemüse leerte.

Und heute? Kommunale Stadt- und private Vorstadtgärten sind im Vergleich zu früher zwar umfangmäßig erheblich geschrumpft, haben aber längst wieder ihre alte, vornehmlich schmückende Funktion zurückerlangt. In den zubetonierten – versiegelten – Großstädten beginnt sich jedoch seit einigen Jahren eine Art grüne Revolution zu regen. Das Schlagwort heißt »Urban Gardening«, urbanes Gärtnern, also Gärtnern in der Stadt. Das prominenteste Beispiel dafür sind die seit 2009 bestehenden Prinzessinnengärten in Berlin-Kreuzberg. Dort wurden in Privatinitiative sechstausend Quadratmeter einer alten Brachfläche mitten in der Stadt in einen Nutzgarten mit unkonventionellen mobilen Pflanzgefäßen umgewandelt.

Auch in München wird urban gegärtnert; hier engagieren sich an die fünfzigtausend Einwohner in den unterschiedlichsten gemeinschaftlichen Einrichtungen, wie da sind: Krautgärten, interkulturelle Gemeinschaftsgärten, Jugendfarmen sowie viele Mietergärten, Hofentsiegelungsprojekte und Dachgartennutzungen.

Gewissermaßen die militante Form des urbanen Gärtnerns ist das sogenannte »Guerilla Gardening«. Seine Anhänger, überwiegend junge Leute, werfen Samenbomben auf kahle Baumscheiben und städtisches Grün unter dem Motto: »Wir machen den Großstadtdschungel bunt.«

Für mich als passionierte Garten- und Gärtnerbeobachterin erweckt das aktuelle Phänomen des urbanen Gärtnerns mit all seinen Facetten den Anschein, als wäre die zweite Nachkriegsgeneration gerade dabei, sich nach ihrem Verständnis ihre eigenen Überlebensgärten zu schaffen.

Malergärten – Gartenmaler

Wenn man am Ammerseeufer entlangwandert, kann man hier und da reizvolle Einblicke in private Gärten erhaschen – sofern diese nicht durch dichte Thujen- oder Fichtenhecken hermetisch abgeschirmt sind. Was in der Regel darauf schließen lässt, dass sich dahinter das Anwesen irgendeiner mehr oder weniger wichtigen Person befindet. Aber Gartenanlagen von Auftraggebern dieser Spezies sind – insbesondere wenn das dazugehörige Haus einem rundumverglasten Betoncontainer ähnelt – sowieso für den gärtnerisch ambitionierten Zaungast uninteressant. In der Regel werden diese Gärten nämlich nach der Prämisse »pflegeleicht« gestaltet, was so viel bedeutet wie eine langweilige Rasenfläche und ein paar immergrüne Gewächse, wenn's hoch kommt noch ein blumenbestückter Pflanzkübel auf der Terrasse. Was, bitteschön, gäb's da für den wahren Gartenfreund zu gucken?

Ganz anders bei einem wirklich prominenten Garten am Westufer des Ammersees, zu dem noch dazu jedermann Zutritt hat. Es ist der Garten am Künstlerhaus Gasteiger in Holzhausen. Haus und Garten samt angrenzendem großen Parkgelände hat der Bildhauer Mathias Gasteiger (1871–1934) geschaffen. Zusammen mit seiner Frau, der Malerin Anna Sophie (1877–1948), folgte er dem damaligen Mainstream der Münchner Künstler, die es im 19./20. Jahrhundert aus ihren muffigen Stadtateliers hinaus ins Grüne zog. Die meisten von ihnen schwärmten als sogenannte Freilichtmaler aus und fingen die Landschaft gewissermaßen live in Farbe oder mit dem Zeichenstift ein. Einige der Künstler kauften den Bauern im Umland für damals noch wenig Geld ein Stück saure Wiese ab und bauten sich darauf ein Sommerhaus mit Atelier. So auch die Gasteigers. Und sie legten einen Garten an: Ein Spalier von Hochstammrosen und Lavendel führt den Besucher vom Eingang zum niedrigen Giebelhaus, an dessen Südseite sich das Nutzgärtchen schmiegt, flankiert von bis weit in den Herbst hinein üppig blühenden Staudenbeeten. Im Innern des Hauses kann man einige Blumenbilder von Anna-Sophie bewundern; für geeignete Motive brauchte sie ja bloß vors Haus zu treten.

Ein passionierter Gartenmaler – wenn auch erst im Alter – war Max Liebermann (1847–1935), der von der Fachwelt als bedeutendster Vertreter des deutschen Impressionismus eingestuft wird. Ab 1877 war er übrigens auch in München und Umgebung (Dachau, Rosenheim, Inntal) tätig. Bei seinem in jener Zeit gemalten Gartenbild muss dieser Begriff allerdings etwas weiter gefasst werden, denn es handelte sich um den Brannenburger Biergarten. 1884 kehrte Liebermann in seine Heimatstadt Berlin zurück, wo er sich schließlich 1909 am Wannsee eine repräsentative Villa erbaute. Auf dem mehrere tausend Quadratmeter umfassenden Seegrundstück ließ er einen Garten anlegen, der seinesgleichen sucht; Kenner bezeichnen ihn als schönsten Künstlergarten Deutschlands. Das heute zum Museum umfunktionierte Haus samt Gartenanlage kann man ganzjährig besuchen. Die Hauptelemente des Gartens – Heckengarten, Birkenallee und Blumengarten – wurden sogar anlässlich der großen Liebermann-Ausstellung 2011 auf dem Dach der Bundeskunsthalle Bonn nachgebaut. Begleitend zu den gezeigten Gartenbildern, von denen der Künstler in seinen letzten Schaffensjahren über zweihundert gemalt hat.

Ein weiterer berühmter deutscher Blumen- und Gartenmaler war Emil Nolde (1867–1956). Er baute sich sein Wohn- und Atelierhaus, das ebenfalls heute als Museum zugänglich ist, auf der nordfriesischen Warft Seebüll. Zusammen mit seiner Frau Ada legte er einen Garten an, dessen Wege in Form ihrer Anfangsbuchstaben A und E verlaufen. Nolde gilt als einer der ganz großen Aquarellisten und führenden Maler des Expressionismus des 20. Jahrhunderts. Bezeichnend für sein Werk sind die kräftigen Farben. Eine einzige leuchtende Farbensinfonie sind auch seine Blumenbilder, zu denen er die Inspirationen sowohl aus der Südsee wie auch aus seinem eigenen Garten bezog.

Beim Thema »Malergärten – Gartenmaler« denken natürlich viele in erster Linie an Claude Monet (1840–1926). Der Franzose wird in seiner mittleren Schaffensperiode der Stilrichtung des Impressionismus zugeordnet, während sich seine Bilder nach 1890 zwischen Naturalismus und Abstraktion bewegen. Dies war auch der Zeitpunkt, zu dem Monet das Haus in Giverny kaufte und damit begann, seinen Garten anzulegen und immer wieder umzugestalten. Für die beiden Schwerpunkte, den Ziergarten und den Wassergarten – der ihm bekanntlich für seine berühmten Seerosenbilder Modell stand – suchte der Maler immer wieder nach neuen, in Frankreich damals weitgehend unbekannten Pflanzen, um ein ganz bestimmtes Farbenzusammenspiel der Blüten zu erzielen. In seinem Spätwerk malte Monet ausschließlich Serien- und Gartenbilder im Atelier, meistens aber im Freien. Von seinem Landsmann Pierre Auguste Renoir existiert ein Bild, das Monet beim Malen in seinem Garten zeigt.

Bei der Durchsicht von Monets Werk fiel mir insbesondere das Gemälde »Weg im Garten des Künstlers« ins Auge, das 1901/02 entstand. Und zwar findet sich das Motiv – ein Weg durch bunte Blumenrabatten, der auf einen im Hintergrund angedeuteten Hauseingang zuführt – auch bei anderen Gartenmalern. Etwa bei Julius Exter (1863–1939), der ein ähnliches Bild von seinem Garten in Feldwies am Chiemsee malte. Womit sich der Bogen von Frankreich wieder nach Deutschland beziehungsweise Oberbayern schlagen lässt.

1917 war der Maler und Kunstprofessor Exter mit seiner Familie von München ins ländliche Feldwies gezogen und begann damit, sich auf etwa dreitausend Quadratmetern seinen ganz persönlichen Malergarten zu schaffen. Anders als Monet gab er dabei einheimischen Pflanzen den Vorzug. Neben Nutzpflanzen komponierte er an der Südseite ein üppig buntes Blumenmeer aus Hunderten von Sommerblühern: Rosen, Dahlien, Phlox, Rittersporn, Zinnien – eine Farbenorgie an Stauden, durch die der besagte, von ihm mehrfach gemalte Kiesweg auf das Haus zuläuft.

Das Exterhaus samt Künstlergarten ist heute ebenfalls Museum. Außer in seinem Atelier kann man Werke des Malers, darunter mehrere Gartenbilder, auch in der Gemäldegalerie auf Herrenchiemsee besichtigen. Und wer schon mal dort ist, sollte mit dem Schiff unbedingt weiter zur nahen Fraueninsel fahren. Die präsentiert sich von Frühjahr bis Herbst dem Besucher als ein einziges opulentes Gartengesamtkunstwerk!

Von der Schwierigkeit des Loslassens

In einem der älteren Einfamilienhäuser meiner Umgebung lebt ein Mann, dessen Gärtnerherz seit Jahren vor allem für Engelstrompeten *(Datura, syn. Brugmansia)* schlägt, in Weiß, Rosa, Gelb. Wie die Orgelpfeifen säumen sie in hölzernen Pflanzgefäßen den Weg vom Gartentor zum Haus. Als ich eines schönen Spätherbsttages auf meinem

Nachmittagsspaziergang an seinem Grundstück vorbeikomme, ist er gerade damit beschäftigt, seine Lieblinge zurückzuschneiden. Bei einem kleinen Diskurs über den Zaun sagt er plötzlich überraschend: »Heuer überwintere ich meine ‚Engerl' nicht mehr, sondern werf sie auf den Kompost. Ich bin einfach zu alt für die ganze Schlepperei in den Keller und im Frühjahr wieder herauf. Irgendwann muss eben Schluss sein.« Darauf ich, spontan: »Wenn's Ihnen recht ist, dann würde ich gern eine gelbe Datura nehmen, eine rosafarbene hab ich schon.« Und er: »Gern. Ich stell sie Ihnen vors Gartentor, dann können Sie sie jederzeit mit dem Auto abholen.«

Gesagt, getan. Und zwei Wochen später karrte ich außer diversen Kanna und meiner rosa Engelstrompete auch noch die neue gelbe in den Keller zum Überwintern. Und im nächsten Frühjahr wieder herauf. Doch als ich dann meinen Garten mit den Töpfen wieder neu möbliert hatte, was sehe ich da entlang der Auffahrt vor dem Haus meines freundlichen Gartenkollegen: Alle seine Engelstrompeten (bis auf meine gelbe) standen wieder wie eh und je auf ihren angestammten Plätzen. Er hatte sich eben doch nicht von ihnen trennen können.

Von wegen loslassen, Arbeit reduzieren, Pflanzen dezimieren, wie es die Vernunft dem alternden Gartler rät – in der Praxis obsiegt letztendlich doch die Emotion. Ein besonderer Spaßvogel in meinem Bekanntenkreis verkündet in regelmäßigen Abständen, dass er im nächsten Jahr seinen Garten ganz gewiss betonieren lässt und den Beton dann grün anstreicht. Natürlich macht er damit nicht Ernst. Genauso wenig wie ich, die ich in jedem Frühjahr erwäge, das rückwärtige Drittel meines Gartens abzuteilen und sich selbst zu überlassen.

Doch ich vertage diese Option immer wieder von einem Jahr aufs andere. – Ganz im Gegenteil: Zu meinem zweiundsiebzigsten Geburtstag habe ich eine schöne alte Steinbalustrade erstanden und dazu ein Beet mit Buchseinfassung und Englischen Rosen komponiert. Wem auch immer ich es stolz gezeigt habe – ich erntete nur hämische Kommentare wie: »Und sowas nennst du den Garten verkleinern, damit du weniger Arbeit hast. Dir ist einfach nicht zu helfen!«

Stimmt exakt. Mir und allen meinen Gartenkolleginnen und -kollegen im Seniorenalter ist tatsächlich nicht zu helfen, denn so lange wir noch irgendwie kreuchen können, werden wir in unseren Paradiesen herumwerkeln. Das heißt, helfen im ganz realen Sinn ließen wir uns ab und zu schon ganz gern, aber auf diese löbliche Idee kommen nur sehr wenige im Familien- und Freundeskreis. Schon gar nicht Kinder und Enkel (sofern sie nicht bereits mit der Muttermilch mit dem Gartenvirus infiziert wurden). Mit Garten assoziieren sie im Allgemeinen Freizeit und Spaß haben: Ballspielen, In-der-Sonne-Liegen, Grillen, Party machen. Im Garten arbeiten ist uncool.

Aber vielleicht sind auch wir Erwachsenen Schuld an diesem Desinteresse. Weil wir den Nachwuchs in jüngeren Jahren nicht richtig angeleitet haben. Weil wir den Kids ständig zu verstehen gegeben haben, wie deppert sie sich bei der Gartenarbeit anstellen (was zugegeben auch häufig der Fall war). Weil wir ihnen Gartenarbeit vielleicht sogar als Strafe verordnet haben, wenn sie etwas ausgefressen hatten.

Wie auch immer, man soll bekanntlich die Hoffnung nie aufgeben. Und so kann es vorkommen, dass Oma oder Opa eines Tages urplötzlich mit der Frage überrascht werden: »Kann ich dir was im Garten helfen?« Auch wenn diese Frage von einem Enkel kommt, dessen Interesse weniger dem Rasenmähen gilt, sondern vielmehr einem ordentlichen Zuschuss zum Taschengeld zwecks Anschaffung eines i-Pads oder sonstwas Elektronischem, sollten Sie das Angebot schleunigst annehmen, ohne es näher zu hinterfragen.

So lasst uns denn ein Apfelbäumchen pflanzen

Unter diesem Titel ist 1985 das Bestsellerbuch des deutschen Wirtschaftsjournalisten Hoimar von Ditfurth erschienen. Er hält es dabei mit Martin Luther, der auf die Frage, was er denn tun würde, wenn morgen die Welt unterginge, gesagt haben soll: »Ich würde noch heute einen Apfelbaum pflanzen.« Hoimar von Ditfurth sah damals bereits die Welt kurz vor dem Untergang und zeichnet in seinem Werk ein düsteres Bild unserer Zukunft, von globaler Bedrohung der Menschheit durch Atomkrieg, Umweltzerstörung und dem Versagen unserer Gesellschaft, all diesem effektiv entgegenzuwirken. Was die Klimakatastrophe betrifft, so haben wir mit dem »Jahrhunderthochwasser« (das man besser in »Jahrzehnthochwasser« umbenennen sollte) im Sommer 2013 eine erschreckende Lektion erhalten.

Mal abgesehen von all den gruseligen Prognosen für unseren Planeten – ich finde ja, dass in jedem Garten ein Apfelbaum stehen sollte, vorausgesetzt, es ist genügend Platz dafür vorhanden. Auch in meinem Garten stand von jeher einer, ein Roter Boskoop, aber nachdem sämtlichen Apfelbäumen in den Gärten der näheren Umgebung nach und nach der Garaus gemacht worden war, mochte auch mein Boskoop nicht mehr tragen. Vor zwei Jahren ersetzte ich ihn schließlich durch ein Duo-Bäumchen, auf dem zweierlei Sorten aufgepfropft sind, die sich gegenseitig befruchten.

Wer sich ein bisschen mit Obstgehölzen auskennt, weiß, dass sämtliche Apfelsorten selbstunfruchtbar, also auf Bestäubung mit sortenfremden Pollen angewiesen sind. Doch das ist gar nicht so einfach, wie man meinen könnte. Nur Sorten mit sogenanntem diploidem, das heißt zweifachem Chromosomensatz kommen als Pollenspender in Frage. Daneben gibt es aber auch Sorten mit triploidem, dreifachem Chromosomensatz. Ihre Blüten können mit

Blütenstaub einer anderen diploiden Sorte befruchtet werden, mit dem eigenen klappt das nicht. Demnach braucht es für jeden Apfelgarten mindestens zwei diploide Sorten, die sich gegenseitig sowie auch die triploiden Sorten befruchten können. – Da lob ich mir doch mein Duobäumchen.

Im großen Garten meiner Kindheit gab es wohl an die zwanzig Obstbäume, über die Hälfte davon waren Apfelbäume. Darunter neben Boskoop, Goldparmäne, Roter Astrachan, Winterrambour und Champagner-Renette unter anderem auch zwei adelige Gewächse wie Freiherr von Berlepsch und Kaiser Wilhelm. Einige dieser Sorten findet man heutzutage nur noch in alten Obstgärten oder auf Streuobstwiesen, nicht aber im Supermarkt, wo das ewige Einerlei aus Jonagold, Golden Delicious, Elstar, Braeburn, Gala & Co. vorherrscht.

Allerdings, den Kaiser Wilhelm habe ich vor Jahren wiederentdeckt, und zwar auf dem Bad Feilnbacher Apfelmarkt. Diese Sorte wird seit Generationen auf den Streuobstwiesen rings um den Ort im oberbayerischen Inntal kultiviert – schöne, weitläufige Bauernwiesen, auf denen wie eh und je glückliche Kühe im Schatten breit ausladender Obstbäume weiden dürfen.

Solche Streuobstwiesen wurden in Stadt und Land erstmals nach Beendigung des Dreißigjährigen Kriegs, ab Mitte des 17. Jahrhunderts, planmäßig angelegt und dienten von Anfang an neben der Weide von Nutzvieh zur Obsterzeugung für den Eigenbedarf. Gut dreieinhalb Jahrhunderte später erleben die Streuobstwiesen heute eine kleine Renaissance. Wo es sich landschaftlich anbietet und es Menschen gibt, die sich dafür begeistern lassen, entstehen wieder Neupflanzungen.

Ein schönes Beispiel dafür ist der etwa zwanzig Kilometer lange Obst- und Kulturweg von Prien am Chiemsee bis Thalkirchen am

Simssee. Hier haben sich die Gemeinden Bad Endorf, Rimsting und Prien zusammengetan, um dem interessierten Wanderer den traditionellen Obstanbau und damit auch die Kulturgeschichte dieser Chiemgauregion nahezubringen. Die Obstbäume – neben Äpfeln auch Birnen und Kirschen, darunter krumme, altehrwürdige Veteranen genauso wie viele Neuanpflanzungen – tragen Schildchen mit ihren Sortennamen. Und der Obst- und Kulturweg wächst weiter. So wurden beispielsweise im Herbst 2012 auf einer Weidewiese in Gänsbach erneut junge Obstbäume gepflanzt.

Für Interessierte: Nordwestlich unweit von Gänsbach zieht sich die auf siebenhundert Meter ansteigende, sehr aussichtsreiche Ratzinger Höhe hin. Beginnend am Berggasthof Weingarten bis hinunter nach Thalkirchen (oder umgekehrt) lässt sich ein besonders hübsches Teilstück dieses Obst- und Kulturwegs erwandern – sehr zu empfehlen!

Obst und Kultur, das sind zwei Dinge, die durchaus zusammengehen. Die Entstehungsgeschichte unseres Apfels *(Malus)* – der übrigens zur Familie der *Rosaceae*, also der Rosengewächse zählt – reicht zurück bis ins Erdaltertum. Ab Ende des Tertiärs, vor etwa zweieinhalb Millionen Jahren, begannen sich Apfel-Wildarten herauszubilden, die sich in mehrere Entwicklungslinien aufspalteten. Eine davon breitete sich bis nach Europa aus und war maßgeblich an der Entstehung des Urapfels der Menschheitsgeschichte, des Holzapfels *(Malus sylvestris)*, beteiligt. Zusammen mit der Wildform *Malus orientalis*, die man in mittelasiatischen Gebirgen gefunden hat, entstand schließlich unser Kulturapfel.

In der Frühgeschichte zählten Äpfel zu den bevorzugten Nahrungsmitteln der Menschen. Im 6. Jahrhundert v. Chr. vermutet man eine erste Hochblüte des Obstanbaus in Persien. Entlang der alten Handelsstraßen gelangten Äpfel und andere Obstarten nach Russland und in den Mittelmeerraum. Griechen und Römer verstanden bereits eine Menge vom Obstanbau, und letztere machten schließlich dieses Wissen ab 15 v. Chr. auch bei uns zulande publik.

Acht Jahrhunderte später befahl Kaiser Karl der Große in seiner berühmten Verordnung »Capitulare de Villis« unter anderem die Anpflanzung von Apfelbäumen auf seinen Krongütern. Insbesondere aber hat sich das Wissen über den Obstanbau in den mittelalterlichen Klöstern erhalten und weiterentwickelt. Bei uns taten sich dabei vor allem die Benediktiner hervor; kein Kloster ohne Klostergarten, wo neben Feldfrüchten und Heilkräutern auch Obstbäume gediehen und nach wie vor gedeihen. So beispielsweise in Kloster Schäftlarn, wo die Mönche eine weitläufige Obstbaumwiese pflegen; mitten darin ein altes großes Bienenhaus, damit es die fleißigen Nektarsammlerinnen nicht weit zu ihrem Arbeitsplatz haben. Dieser *Hortus conclusus* ist normalerweise für die Allgemeinheit unzugänglich, öffnet sich aber hin und wieder im Rahmen einer Gartenausstellung.

Hüter und Bewahrer historischer Obst- und damit Apfelbaumkultur sind auch noch einige Schlossgärten. Nahe München trifft das insbesondere auf den Dachauer Hofgarten zu. Seine letzte Umgestaltung erfuhr er durch Max IV. Joseph, ab 1806 König Max I. von Bayern. Bedingt durch die napoleonischen Kriege sah dieser sich zu sparsamerer Lebenshaltung gezwungen als seine Vorgänger. Also ließ er nicht nur drei Schlossflügel abreißen, sondern beauftragte auch seinen Gartenarchitekten Friedrich Ludwig von Sckell, den Hofgarten nutzbringend umzugestalten. Somit entstanden an Stelle des bis dato barocken Parterres fünf große Obstbaumquartiere. Wer einmal mitten in einer Stadt einen altehrwürdigen Obstgarten blühen sehen möchte, der muss im Mai/Juni auf den Dachauer Schlossberg kommen.

Doch zurück zu den Fakten und zur Kulturgeschichte des Apfels in der jüngeren Vergangenheit. Bis ins 19. Jahrhundert hinein kannte man noch keinen weltweiten Obsthandel, und so wurden Äpfel in erster Linie zur Selbstversorgung kultiviert. Seine größte Sortenvielfalt und flächenmäßige Ausdehnung erreichte der Obstanbau bei uns um die Wende vom 19. zum 20. Jahrhundert. Damit war nach dem zweiten Weltkrieg Schluss, und statt der Äpfel aus heimischen Gärten kam nun zunehmend Importware in die Läden.

Wirtschaftlich gesehen, lohnt sich der Apfelanbau heutzutage nur noch im großen Stil, nämlich auf Plantagen. Nein, es ist kein Witz, wenn ich Ihnen jetzt erzähle, dass es davon sogar eine ganz prominente, allerdings nur wenigen Insidern bekannte in nächster Nähe von München gibt. Es handelt sich um die Obstwiesen der Familie Perger (seit 2012 Genossenschaft), welche die hochwertigen und schmackhaften Bio-Säfte, -Schorlen, -Sirupe und -Limonaden herstellt. In über fünfzig Hektar landschaftsintegrierten Obstgärten an den sanften Moränenhängen zwischen Herrsching und Breitbrunn am Ostufer des Ammersees werden neben Äpfeln Holunder und Schwarze Johannisbeeren angebaut.

Ich bin mit meinem jüngsten Patenkind Maxi (5) auf dem Weg dorthin. Maxi will sich seinen ganz persönlichen Apfelbaum aussuchen, für den er Obstbaumpate werden möchte – eine schöne Idee, die die Pergers als Zusatznutzen neben ihren Säften anbieten. Maxi ist ein die Natur liebendes Kind und schwankt augenblicklich in seinem Berufswunsch zwischen Eisbärenflüsterer und Sonnenblumengärtner. Schade nur, dass er mitten in der Stadt wohnt und außer ein paar Blumenkästen auf dem Balkon keinerlei Natur verfügbar hat. Deshalb auch mein Gedanke der Obstbaumpatenschaft. Für einen einmaligen Pflegebeitrag von 75 Euro wird man bei Perger sieben Jahre lang Pate eines Baumes und darf jährlich fünf Kilo Äpfel selber ernten.

Wie war das noch mit dem Dietfurthschen Apfelbäumchen? – Doch warum sich seiner erst erinnern, wenn man meint, dass es mit uns und unserer Erde den Bach runtergeht? Wie kein anderer versinnbildlicht ein Apfelbaum in meinen Augen Zukunft und Zuversicht. Deshalb ist er für Maxi genau richtig, denn der hat noch jede Menge Zukunft vor sich. Und für die braucht es gerade in unserer Zeit sehr, sehr viel Zuversicht.

Die letzte Bepflanzung

Ab Mitte Oktober herrscht in Gärtnereien und Gartencentern so kurz vor Jahresende noch einmal Hochkonjunktur. Allerheiligen steht vor der Tür, und zu diesem Termin werden bei uns seit altersher die Gräber geschmückt. Auch die, welche das ganze Jahr über ausschauen wie ein vergammelter Komposthaufen. An Allerheiligen besuchen auch solche Menschen die Friedhöfe, die um selbige ansonsten einen großen Bogen zu machen pflegen. Manche von ihnen kommen auch nur, um das vertrocknete Gesteck vom Vorjahr zu entsorgen und ein neues abzulegen – die Verwandtschaft könnte ja sonst denken, man »kümmere« sich nicht.

Es ist erst wenige Jahrzehnte her, da hatten wie vielerorts auch die Friedhöfe in und um München mit Platznot zu kämpfen, sodass sie erweitert werden mussten. Heute tun sich auf den sogenannten alten Teilen in manchen Reihen große Lücken auf, manchmal fehlen gleich zwei, drei Familiengräber nebeneinander. Nur noch in wenigen Fällen wird das Grabnutzungsrecht verlängert, schon gar nicht, wie früher üblich, über Generationen.

Genauso wie die Großfamilie der Vergangenheit angehört, sind auch

Nachkommen, die sich der Grabpflege annehmen, ein Auslaufmodell. Wenn ich mich so auf meinem Vorstadtfriedhof umschaue – wer pflanzt, zupft und putzt da an den Gräbern herum? Lauter ältere bis alte Leutchen, fast alles Frauen. Was, wenn es auch die nicht mehr gibt?

Diese privaten Friedhofsgärtnerinnen erwecken den Eindruck, dass sie die letzte Bepflanzung für ihre lieben Verstorbenen nicht nur für diese, sondern auch für sich selbst vornehmen. Ich habe ein paar von ihnen befragt. Die meisten der Damen haben zu Hause keinen Garten, allenfalls einen Balkon. Das sind dann die Emsigsten, wie ich beobachten kann. Mindestens dreimal im Jahr wird neu gepflanzt, im Sommer jeden zweiten Tag gegossen, jedes Unkraut bereits im Ansatz eliminiert, auch rings um die Grabstätte ist alles pikobello.

Es war im Frühjahr, als ich bei meinen Friedhof-Garten-Beobachtungen eine ältere Dame an einem frischen Grab antraf. Sie pflanzte Frühlingsknotenblumen und Christrosen aus dem eigenen Garten, »damit mein Mann auch was davon hat«, wie sie mir sagte. Später im Jahr kamen dann ein Päonien- und ein Rosenstrauch dazu. Sie hatte auch einen Klappstuhl, auf den setzte sie sich ans Grab und hielt stumme Zwiesprache mit dem Verstorbenen; anschließend verstaute sie den Stuhl hinter dem Grabstein bis zum nächsten Mal.

Manchmal begegne ich auch jenem älteren Herrn, der längst die kleine städtische Tannengruppe neben seinem Urnengrab in seine gärtnerische Tätigkeit mit einbezogen hat. Jedes Mal, wenn er um das eigene Grab herumstriegelt, recht er auch den Boden unter den Tannen sauber. Nicht genug damit: Vor einigen Jahren steckte er im Herbst dort einige Frühlingsblumenzwiebeln in die Erde, zunächst nur ein paar Krokusse, später mehr, dazu Winterlinge und Schneeglöckchen. Heute freuen sich mit ihm auch andere Friedhofsbesucher, wenn ihnen im Frühling dieser bunte, unerwartete Blütenteppich entgegenleuchtet.

Die beiden Herrschaften bilden mit ihrem Gräberschmuck eine erfreuliche Ausnahme. Beim Gros der Friedhofsgärtner – übrigens auch bei den kommerziellen, die eine Menge Geld für ihre Tätigkeit nehmen! – wünscht man sich manchmal mehr Kreativität. Vor allem bei der Sommerbepflanzung. Hier verfahren die meisten nach der Prämisse: preiswert und pflegeleicht. Mit einem Wort: Wachsbegonien. Die kosten wenig, blühen tapfer von April bis November, begnügen sich mit dem Wasser, das der Himmel schickt, und sogar Schnecken scheinen sich an ihnen höchstens kurz vor dem eigenen Hungertod zu vergreifen.

Was aber ist, wenn es keine Nachfahren gibt, insbesondere keine, die sich um das Grab kümmern wollen oder können? Tod und öffentliches Gedenken sind anscheinend nicht unbedingt kompatibel mit unserer hippen und globale Zeit. Und so teilte mir unlängst eine Bekannte, deren in alle Himmelsrichtungen verstreut lebenden Kinder und Enkel sich höchstens alle zwei Jahre bei ihr blicken lassen, erstaunlich gelassen mit: »Ich geh mal in die Mauer.« Will heißen, sie lässt ihre Asche in einer Urnennische eingipsen. Vielleicht spendieren ihr die Erben ja eine Namensplatte (»Unsere liebe Mami und Omi X.Y.«). Man wird sehen.

Andere lassen ihre Asche lieber per Schiff über der See oder vom Ballon aus in alle Winde zerstreuen oder wählen eine Urnenbestattung in einem sogenannten Friedwald; man kann sich dort einen Familienbaum oder einen kostengünstigeren Gemeinschaftsbaum aussuchen. Eine Namenstafel ist möglich, doch keine Kerze, kein Blumenschmuck. Das gleiche Procedere geht andernorts auch auf einer Almwiese, unter einem Felsen, in einem Gebirgsbach. Beliebt ist vor allem die anonyme Beisetzung unterm grünen Rasen. So wurde beispielsweise 2012 in Deutschland jeder Dritte auf diese Weise bestattet. Man könnte auch sagen: entsorgt. Ex und hopp, emotionslos und kostengünstig, man spart schließlich auch an der Bepflanzung.

Da wird mit toten Haustieren oftmals pietätvoller verfahren. Für sie gibt es, zumindest in Großstädten, eigene Tierfriedhöfe für Urnen- und Erdbestattungen. Ich habe mir den Tierfriedhof im Stadtteil München-Obermenzing angeschaut und muss gestehen: Ich war gerührt. Hier beschränkt sich der Einfallsreichtum bei der Bepflanzung nicht nur auf Wachsbegonien. Auf den kleinen Gräbern wächst kunterbunte Vielfalt, und seien es auch nur von Kinderhand verpflanzte Wiesenblumen. Dazwischen der Lieblingsfressnapf, ein Tennisball und anderes Tierspielzeug, auch Fotos der geliebten Vierbeiner, die hier tatsächlich unvergessen zu sein scheinen – zumindest eine Zeit lang. Man kann diese Art Grabbepflanzung zwar kitschig nennen, aber sie kommt ganz gewiss von Herzen.

Und weil ich mich gerade so in die letzten Dinge des Lebens hineingeschrieben habe, möchte ich auch noch mit einem insgeheimen Wunsch hinsichtlich meines Ablebens herausrücken: Wenn denn mein letztes Stündlein einmal gekommen ist, wäre es schön, wenn mich der Tod inmitten meines Gartens ereilte. Genau so wie vor dreihundert Jahren Kurfürstin Sophie von Hannover, die geniale Gestalterin des barocken Großen Gartens von Herrenhausen. Sie starb im begnadeten Alter von vierundachtzig Jahren bei einem Spaziergang durch eben diesen Garten – »der mein Leben ist«, wie sie schrieb.

Winter

Je schöner und reicher ein Garten

im Sommer ist,

desto schöner ist er auch im Schnee.

(Karl Foerster)

Scheinfrühling im Januar

Professor Dr. h. c. Karl Foerster (1874–1970), aus dessen Zitatenschatz ich das Geleitwort zu diesem Kapitel über den Garten- und Gärtnerwinter gewählt habe, war und ist bis heute der Grandseigneur aller Staudengärtner. Und obwohl der berühmte Staudenzüchter, Gartenschriftsteller und Gartenphilosoph in Bornim bei Potsdam wirkte, zollt man ihm auch bei uns in Oberbayern höchste Anerkennung, obwohl meinem Volksstamm nachgesagt wird, prinzipiell etwas gegen »die Preußen« zu haben.

»Je schöner und reicher ein Garten im Sommer ist, desto schöner ist er auch im Schnee.« Ein Ganzjahresgarten, der auch im Winter im wahrsten Sinn des Wortes sehenswert ist, sollte also vorausschauend geplant werden. Alles, was im Herbst nicht abgeschnitten oder abgeerntet wird, vermag die kahlen und tristen Wintermonate zu schmücken. Seien es die zu skurrilen Schneegebilden verwandelten Gräser, Staudenpflanzen oder Hortensien, die leuchtend roten und ockerfarbenen Früchte des Zierapfels oder der raureifumsponnene Efeu am Baumstamm.

Gerade um die Weihnachtszeit, im Dezember/Januar, wenn wir so eine winterliche Gartenidylle hinterm Wohnzimmerfenster besonders zu schätzen wüssten, sind allerdings Schnee und Eis im Alpenvorland oft Fehlanzeige. Richtig Winter wird‘s bei uns erst im Februar, wenn der Gartler bereits auf Frühling programmiert ist. Eine alte Bauernregel besagt: »An Fabian und Sebastian fängt der wahre Winter an.« Das Namensfest dieser beiden Heiligen fällt im Kirchenkalender auf den 20. Januar.

Diese Winter-Interimszeit wissen die Gartencenter für ihre Zwecke zu nützen. Gleich nach den Weihnachtsfeiertagen wird dort hektisch umgeräumt, und ab Januar herrscht dann in den gläsernen Hallen Frühling im Überfluss: Primeln in allen Bonbonfarben, Hornveilchen, Tulpen, Narzissen, Hyazinthen, Christrosen, Kamelien, Mimosen … Wer kann da schon widerstehen?

Ich wollte zwar nur frisches Katzengras kaufen, aber so ein kleiner gelber Primelstock (vielleicht auch noch ein rosaroter?) – wie der duftet! – und kostet bloß 99 Cent!

Zu Hause ist eigentlich kein rechter Platz dafür; hier stehen noch Amaryllis, Weihnachtskaktus und Weihnachtsstern in voller Blüte. Trotzdem mag man diese Saisonblumen nach der geballten Frühlingsoffensive im Gartencenter plötzlich nicht mehr so recht leiden. Und päppelt die Auslaufmodelle trotzdem noch pflichtschuldig über Wochen.

Das ist dann die Zeit, in welcher der verspätete Winter mit Kälte, Schnee und Eis über München und ganz Bayern hereinbricht. Und ich gucke meine Primelchen an und finde sie mit einem Mal fehl am Platz. Irgendwie aus der Zeit gefallen.

O Weihnachtsbaum

Leute in meinem Alter, wenn die Kinder längst aus dem Haus sind und bereits selber Kinder haben, tun sich in der Regel »das G'frett mit dem Christbaum«, wie es eine Bekannte auszudrücken pflegt, nicht mehr an. Es sei denn, sie zählen (wie ich) zu den unverbesserlichen Weihnachtsbaum-Romantikern.

Ein geschmückter Tannenzweig in der Bodenvase oder, sofern ein Garten oder wenigstens ein Balkon vorhanden ist, eine Lichterkette um eine passende Konifere outdoor genügen den meisten Senioren voll und ganz. Kein Stress mit dem Transport und dem Aufstellen des Baums, kein Genadel auf dem Teppichboden bereits beim Schmücken und mit steigender Tendenz nach dem zweiten Feiertag, kein Entsorgungsproblem spätestens nach Dreikönig.

Und überhaupt, so sagen die Weihnachtsbaum-Verweigerer, müsste ihretwegen keine einzige Tanne oder Fichte ihr Leben lassen. Ewig schade um die schönen, schönen Bäume, in der Blüte ihrer Jahre dahingesägt. Nur damit sich ein paar sentimentale Mitmenschen ein, höchstens zwei Wochen lang am Lichter- und Flitterglanz ergötzen können.

Doch nach nicht gar zu langer Zeit / da stand's im Garten unten, / und seine ganze Herrlichkeit / war, ach, dahingeschwunden. / Die grünen Nadeln war'n verdorrt, / die Herzlein und die Kerzlein fort.

So reimt es Christian Morgenstern in der zweiten Strophe seines Gedichts vom Weihnachtsbäumlein. Das hat schließlich der frierende Gärtner verheizt, auf dass es »flammte jubelnd himmelwärts, in hundert Flämmlein an Gottes Herz.«

Heutzutage hat der Gärtner Zentralheizung. Also, wohin mit dem erst so ersehnten und bald schon lästig gewordenen Baum? Und was geschieht eigentlich mit all den nicht verkauften Christbäumen?

Diese Fragen stellten wir uns beim Weihnachtsgans-Verdauungsspaziergang, der uns auch vorbei an ein paar Straßenverkaufsplätzen führte, wo seit Heiligabend die verschmähten Nadelbäume hinter Gittern ihr weiteres Schicksal erwarteten.

Gleich nach den Feiertagen habe ich deshalb in meinem Gartencenter nachgefragt. Antwort: Die restlichen Bäume gehen zurück an den Großhändler. Und was macht der dann damit? Schulterzucken.

Nächste Station ein »fliegender Christbaumhändler« auf einem nahen Feld, wo es im Sommer Blumen zum Selberschneiden gibt. Zwei Burschen laden gerade den kümmerlichen Rest an Nordmanntannen auf einen Anhänger. Wohin soll die Reise gehen? Zum nahen

Ponyhof, sagen sie mir. Und sie wissen noch mehr: Andere Händler bringen ihre Restchristbäume in den Zoo, wo sich besonders Elefanten, Elche, Hirsche und Ziegen über sie freuen. Als Tierfutter sind übrigens die bereits »benützten« und spätestens nach dem 6. Januar abgehalfterten Christbäume nicht mehr zu gebrauchen. Die werden von den Entsorgungsbetrieben eingesammelt und für den Biokompost geschreddert.

Christian Morgenstern hat mich etwas überstürzt zur letzten Station des Weihnachtsbaums kommen lassen. Kehren wir also zurück zu dessen frischen grünen Anfängen, die nicht selten auch in unseren Gärten zu finden sind. Obwohl von Natur aus Waldbäume, tummeln sich rund ums Haus Fichten, Tannen, Kiefern in diversen Sorten, sogar Zedern oder Lärchen. Und manch getopftes Christbäumchen, so mitleidvoll wie ahnungslos in einen handtuchbreiten Vorgarten gepflanzt, wächst dort derart rasant, dass es bereits nach fünf Jahren den Blick aus dem Küchenfenster verstellt.

Auch ich habe Nadelbäume in meinem Garten, aber mehr am Rand, als Sichtschutz und immergrüne Hingucker zur Winterzeit. Bevor sie allerdings zu dominant werden konnten, wurden zwei von ihnen in der Vergangenheit von den Orkanen Wiebke (1990) und Lothar (1999) gekappt, und aktuell hat ein Biber Geschmack an meiner Koreatanne gefunden.

Die Tannen aus unseren Gärten stellen wir uns selbstverständlich nicht als Christbäume in die Wohnstuben. Die holen wir uns vom Gartencenter, vom Händler an der Straße oder gleich von der Weihnachtsbaumplantage, möglichst einer regionalen in der Hoffnung auf ein frisch geschlagenes Exemplar. Kultiviert werden heutzutage fast ausschließlich Nordmanntannen *(Arbies nordmanniana)*. Es dauert übrigens rund zehn Jahre, bis sie zu einer mittleren Zimmergröße herangewachsen sind. Ihr Saatgut stammt zwar ursprünglich aus dem Kaukasus, trotzdem ist die Nordmanntanne mit ihrem buschigen Wuchs und den weichen, strapazierfähigen Nadeln heute der Inbegriff des deutschen Christbaums.

Bei den meisten Händlern bekommt man ausnahmslos nur noch Nordmanntannen, weswegen ich mir seit Jahren eine Blaufichte aus dem Bayerischen Wald organisiere. Ohne Blaufichte ist für mich kein richtiges Weihnachtsfest. Zwar sticht sie mir beim Aufhängen des Schmucks die Finger blutig und nadelt ohne Ende, aber sie duftet betörend und sieht einfach wunderschön aus. Schon der Christbaum meiner Kindheit war eine Blaufichte. Und Christbaumliebhaber sind erfahrungsgemäß nicht nur unverbesserliche Romantiker, sie sind auch stockkonservativ.

Wintergäste im Wintergarten

Ab Mitte November hebt in meinem Haus ein Herumräumen an, als stünde ein Umzug bevor. Aus dem Wintergarten verschwinden Tisch, Stühle, Liege, Teppich, Stehlampe, um bis auf Weiteres im Keller zwischengelagert zu werden. Ihren Platz nehmen all jene eingetopften frostempfindlichen Pflanzen aus dem Garten ein, die über den Winter hell stehen wollen.

Das sind jedes Jahr vierzehn Stück und mehr. Die allergrößten Exemplare – eine über zwei Meter hohe, ausladende Fuchsie und ein noch größerer Oleandern –, die längst nicht mehr durch die Glastüre passen, werden bereits Ende Oktober vom Gärtner abgeholt, auf dass sie es im Treibhaus für die nächsten Monate hübsch gemütlich haben. Die »Hotelrechnung«, die ich für sie berappen muss, ist so gesalzen, dass ich mir dafür leicht zwei neue Großpflanzen kaufen könnte. Aber als passionierte Gärtnerin hängt man eben an seinen grünen Lieblingen, vor allem, wenn man sie von klein auf hochgepäppelt und schon so manche Kinderkrankheiten mit ihnen durchgestanden hat.

Sind die Töpfe einmal im Wintergarten, ist dort kein Platz mehr für mich, geschweige denn für das Mobiliar. Auch wenn nach ein paar Nächten um die null Grad der Spätherbst noch einmal zu Höchstform aufläuft mit Mittagstemperaturen, die wie geschaffen für eine wohlige Siesta auf der Liege im Wintergarten wären. Wenn die denn noch hineinpassen würde. Doch das einzige, was sich außer der Gießkanne zwischen die Pflanzen quetschen lässt, ist ein Stuhl mit Wolldecke, auf der meine Katze zu ruhen pflegt.

Die ersten Wochen sind Hochstammfuchsien, Wandelröschen, Geranien, Hibiskus & Co. ja noch eine Augenweide. Sie blühen tapfer vor sich hin, manchmal sogar schöner als den ganzen Sommer über im Freien. Doch ab Dezember/Januar fangen sie an zu zicken, und ich weiß nicht recht, warum. Pflichteifrig öffne ich bei Sonnenschein und Plusgraden um die Mittagszeit die Türe nach draußen, damit sie frische Luft bekommen und lasse zwecks Beschattung die Jalousien herunter. Aber sie danken es mir nicht wirklich, sondern werfen ihre Blätter ab – na ja, es ist schließlich Winter. Erst trinken sie noch viel und regelmäßig, dann lassen sie wie satte Kinder ihren Kakao das Gießwasser stehen. Aber auch darüber muss man sich keine Sorgen machen: Sie brauchen jetzt einfach nicht mehr so viel, sondern haben auf Sparflamme und Winterruhe umgeschaltet.

Was allerdings nicht ruht, das ist das Ungeziefer, das sich die Pflanzen einen ganzen Sommer lang draußen eingefangen haben und das jetzt im Wintergarten sichtbar und aktiv wird: Schwarze Läuse, Weiße Fliege, Schildläuse – welcher Stock sie anfangs noch nicht hatte, kriegt sie jetzt. Und ich rühre tapfer Kernseifenlösung und schwinge die biologische Keule in Form von Sprays, Klebetäfelchen und Stäbchen zum In-die-Erde-Drücken, die garantiert unschädlich für Haustiere sind. Allem Anschein nach auch für das Ungeziefer.

So geht es den ganzen Winter über. Ab Mitte April bete ich dann den Tag herbei, an dem die Frostgefahr gebannt sein wird und ich es wagen kann, meine verseuchten, derangierten Schützlinge in einem neuerlichen Kraftakt wieder nach draußen zu befördern. Dort entledigen sie sich dann unter den ersten kräftigen Frühlingssonnenstrahlen ihrer noch verbliebenen alten, verhutzelten Blätter. Und wie durch Zauberhand verschwindet auch die Ungezieferpopulation.

Zumindest an den Pflanzen. Den im Wintergarten zurückgebliebenen und dort an Scheiben, Jalousien und auf dem Boden klebenden Restbeständen muss ich mit Wasser, Spiritus und viel Energie selber den Garaus machen. Erst dann können das Mobiliar und ich wieder für ein halbes Jahr dort Einzug halten.

Winterblumen, so weiß wie Schnee

Sieht man einmal von den sonnengelben Winterlingen ab, ist Weiß die Farbe der allerersten Frühlingsblumen. Oder sollte es besser heißen: Winterblumen? Blühen sie doch bereits im Dezember, Januar, Februar, jenen Monaten also, in denen der Winter erst richtig in Fahrt kommt. In meiner Kindheit war dies übrigens noch die hohe Zeit der Eisblumen am Fenster; heute sind die so gut isoliert, dass keine Eiskristalle mehr auf ihnen erblühen können.

Die Frühblüher im Garten heißen Schneeglöckchen, Frühlingsknotenblumen und Schneerosen. Zwar muten sie im Vergleich zu den farbenstrotzenden, üppigen Sommerblumen auf den ersten

Blick ein wenig unscheinbar an. Natur- und Gartenfreunde lieben sie aber gerade wegen ihrer augenscheinlichen Fragilität, die jedoch nur darüber hinwegtäuscht, dass sie in Wirklichkeit hart im Nehmen sind. Und ganz besonders lieben wir sie, weil sie nach langen tristen Monaten die wieder erwachte Erde neu beleben. Schneeglöckchen & Co. gaukeln uns bereits ab Dezember vor, dass wir schon bald wieder loslegen können im Garten – auch wenn es in Wahrheit bis dahin noch eine lange Durststrecke ist.

Das Schneeglöckchen *(Galanthus)* mit seinen drei größeren äußeren und den drei kleineren kelchförmigen inneren Blütenblättern zählt zur Familie der Amaryllisgewächse und kommt hauptsächlich in Südeuropa sowie im Südwesten Asiens vor. In unseren Gärten wächst vor allem *Galanthus nivalis,* aber nur dann, wenn wir ihm ein feuchtes, schattiges Plätzchen am besten in der Nähe eines größeren Baums oder Strauchs bieten können. Besonders faszinierend finde ich, dass das Schneeglöckchen quasi durch Eigenwärme eine nicht zu feste Schneedecke zum Schmelzen bringen kann.

Als Schneeglöckchen haben wir in meiner Kinderzeit auch die Frühlingsknotenblumen *(Leucojum vernum)* bezeichnet. Viele sagen auch Märzenbecher zu ihnen, und ich finde diesen Namen wegen der Glöckchenform ihrer Blüten auch viel zutreffender. Im großen Garten meiner Kindheit wuchsen sie zu Tausenden wild in der an die Würm angrenzenden Wiese rund um eine mächtige Scheinakazie. Im Februar watete man beim Pflücken richtiggehend in einem weißen, duftenden Blütenmeer.

Zum Pflücken fanden sich auch ungebetene Gäste ein, denn der hölzerne Gartenzaun war »im Krieg geblieben«, wie wir sagten, also verheizt worden, und die alte Hecke bot viele Schlupflöcher. Damals, in den Fünfzigerjahren, gab es Blumen höchstens im Blumenladen zu kaufen und das für teures Geld, was nicht jeder hatte. Vor allem

Kinder nicht, und so bekamen manche Eltern und Lehrer in unserer näheren Umgebung im ausgehenden Winter unverhofft üppige Schneeglöckchensträuße geschenkt.

Lange schon ist die Scheinakazie gefällt und die einstige Schneeglöckchenwiese zubetoniert. Aber ein paar dieser weißen Frühlingsboten haben es im Lauf der Jahre auf ihrer Wanderschaft entlang dem Flussufer bis in meinen heutigen Garten geschafft, wofür ich ihnen sehr dankbar bin.

Frühlingsknotenblumen lieben dieselben Standorte wie die eigentlichen Schneeglöckchen, auch sind sie wie diese geschützt und giftig. (Letzteres kann aber so schlimm nicht sein, denn ich erinnere mich nicht, dass wir uns als Kinder nach dem Pflücken je die Hände gewaschen hätten.)

Die dritte weiße Schönheit der Winterblumen, die Schwarze Nieswurz *(Helleborus niger)* aus der Familie der Hahnenfußgewächse, besser bekannt als Schnee- oder Christrose, erfährt seit einigen Jahren eine fulminante Renaissance. Im Gewächshaus zu noch früherer Blüte animiert, stehen diverse Sorten bereits ab Oktober im Gartencenter und machen immer mehr der Amaryllis als typischer Weihnachtsgeschenkblume den Rang streitig. Wer will, kann die Schneerose später ins Freie pflanzen, wo sie am richtigen Standort über viele Winter zuverlässig blühen wird. Ursprünglich ist sie ja eine Gebirgspflanze, aber wenn sie einmal im Garten Fuß gefasst hat, ist sie schier unverwüstlich. Ihre weißen Blüten öffnen sich in der Natur schon ab Dezember, ungeachtet von Schnee und Eiseskälte.

Nicht verwechseln sollte man die Christrose mit der häufig angebotenen farbenfroheren Lenzrose *(Helleborus x orientalis)*, einer Zuchtform, deren Ursprung in Griechenland, der Türkei und dem Kaukasus liegt. Eine weniger attraktive grünliche Blüte zeigt sich dagegen an der Grünen Nieswurz *(Helleborus viridis)*. Sämtliche Nieswurzarten sind übrigens hochgiftig, und ihre Wurzeln wurden von jeher in der Pflanzenheilkunde verwendet. Ob im Altertum gegen Geisteskrankheit, in der Volksheilkunde als Brech- und Abführmittel oder in der Homöopathie bei Nierenleiden, Wassersucht oder ödemischer Herzschwäche. Nieswurzpulver war früher auch im Schnupftabak enthalten.

Zurück zur weißen Schneerose: Sie taucht sogar in der Mythen- und Fabelwelt sowie in der Literatur auf. Weil sie oft schon an Weihnachten blüht, wurde sie als Christrose zum Symbol des Jesuskinds. Erleuchten sie doch beide auf ihre Weise die Winterdunkelheit und verheißen neues Leben. So gibt es beispielsweise von Eduard Mörike zwei romantische Gedichte »Auf eine Christblume«.

In der Sage ist die Schneerose, wie etwa bei Selma Lagerlöf, entweder die Wunder- und Heilsblume zur Heiligen Nacht, oder sie wird zum Geschenk für das Christkind in der Krippe:

»Nachdem Christus der Herr geboren ward, strömten die Hirten zu dem Stalle, um dem Kind ihre Aufwartung zu machen. Sie hatten zwar allesamt selber nicht viel, aber ein jeder brachte irgendein Geschenk: eine Decke, Brot, Wein, ein Lamm. Unter den Männern befand sich auch ein kleiner Hirtenjunge, ein Waisenkind und so arm, dass er sich nicht einmal eine warme Winterjacke, geschweige denn ein Präsent für das Christkind leisten konnte. Weil Schnee lag, konnte er auch keinen Blumenstrauß pflücken. Je näher die Gruppe dem Stall kam, desto trauriger wurde der Bub. Schließlich fing er an zu weinen. Doch als seine Tränen in den Schnee fielen, verwandelten sie sich wie durch ein Wunder in wunderschöne weiße Blumen: Christrosen. Er pflückte sie beglückt und trocknete seine Tränen. Denn jetzt hatte auch er ein Geschenk für das Jesuskind.«

(Aus einem alten Kalenderblatt.)

Verwunderliches aus dem Pflanzenreich

Während des Winters ist der unterhaltsamste Sitzplatz in meinem Haus zweifellos am Esstisch. Denn von da aus habe ich den besten Blick auf das Futterhaus im Vorgarten, das von allen daheim gebliebenen Vogelarten gern aufgesucht wird. Zu Amsel, Meise, Fink und Specht gesellen sich allerdings auch weniger gern gesehene Gäste wie Tauben, Rabenkrähen und Mäuse. Aber die haben schließlich auch Hunger und finden weit und breit keinen so großzügig und abwechslungsreich gedeckten Tisch wie bei mir.

Nachdem im Frühling das Futterhaus wieder in den Keller geräumt worden ist, beginnen ein paar Wochen spannender Erwartung: Was keimt wohl so alles aus den von den Vögeln über die Wiese und die angrenzenden Rabatten verstreuten Körnern? Nein, keine Erdnusspflanze, aber sicher jede Menge Sonnenblumen, von denen ich die kräftigsten stehen lasse. Die entwickeln sich dann regelmäßig zu den allergrößten und allerschönsten, viel stattlicher, als ich sie je mit Tütensamen hinbekomme. Auch Korn beginnt zu sprießen, aber das kann man ja leicht rausziehen. Vor ein paar Jahren ließ ich ein paar grüne Pflänzchen stehen, die oben fingerartig auseinanderstrebten wie kleine Palmwedel. Ich fand sie eigentlich ganz schmuck, bis mir jemand sagte, das sei Hanf, Cannabis, und ob ich wohl auf meine alten Tage noch mit dem Grasrauchen anfangen wolle.

Eine reichhaltige Winterfütterung ist das Mindeste, was wir für unsere unermüdlichen und durch nichts zu ersetzenden gefiederten Gartenhelfer tun können. Keine Ahnung, wie man diese Zählung hinbekommen hat, aber angeblich soll ein Meisenpaar samt Nachwuchs pro Jahr sagenhafte zwanzig Millionen Taginsekten und siebzigtausend Raupen vertilgen. Eine tolle Leistung – auch wenn's ein paar Tausend weniger sein sollten.

Manchmal beschenken uns die Gartenvögel sogar mit einer ganz neuen Pflanze, deren Samen sie mit ihrem Kot ausscheiden. Fällt das Ganze auf passendes Erdreich und wird nicht durch übertriebenen Gärtnerfleiß vorzeitig zerstört, sprießen oft an den verwunderlichsten Stellen die verwunderlichsten Pflanzen – »Vogelblumen« nennt sie eine Freundin. Bei mir hat sich auf diese Weise eine hübsche Glockenblume *(Campanula persicifolia)* angesiedelt, die in meinem Garten sonst nirgends vorkommt.

Ob der Überbringer des Indischen Springkrauts auch ein Vogel war, ist nicht sicher; es zeigte sich vor ein paar Jahren am Flussufer. Nachgewiesen ist, dass die Samenkörner dieser attraktiven, aus der Himalayaregion stammenden Pflanze nicht nur bis an die sieben Meter weit springen können, sondern auch schwimmfähig sind. Ich wurde von allen Seiten gedrängt: »Reiß dieses Unkraut bloß schnell heraus, es vermehrt sich rapide und überwuchert über kurz oder lang deinen ganzen Garten.« Nun, das wäre wohl nicht einmal vom Indischen Springkraut so schnell zu schaffen. Hatte es auch gar nicht vor, denn nach drei Sommern verschwand es so heimlich, wie es gekommen war.

Auch mit von mir gepflanzten Blumen geschieht oftmals Verwunderliches. Zum Beispiel setze ich regelmäßig die Topfprimeln, die ich schon zu Jahresbeginn kaufe, nach der Frostperiode ins Freie. Am Rand der großen Wiese, unter den Sträuchern, kommen sie in jedem Frühling von Neuem zum Blühen. Zunächst noch in ihren alten Farben Gelb, Rosa, Blau, nach ein paar Jahren nur noch in Gelb.

Dass Ameisen durch den Abtransport von Samen für eine Umverteilung von Blütenpflanzen, insbesondere Veilchen, verantwortlich sind, ist bekannt. In meinem Garten gibt es unzählige Ameisenvölker und dementsprechend Veilchen en masse an allen möglichen und unmöglichen Stellen. Das Gleiche trifft auch auf Akeleien zu, die sich von den Ameisen anscheinend nur zu gern von dem für sie vorgesehenen Beet mit der guten Erde in enge, sandige Pflasterritzen auslagern lassen.

Oder sollten sie vielleicht den gleichen Migrationshintergrund haben wie meine Schneeglöckchen und Frühlingsknotenblumen? Die sind im Lauf der Jahre allesamt aus Beeten und Wiese zum Flussufer hin abgewandert (wo ich sie hinter den Sträuchern leider nicht mehr so gut sehen kann). Warum wohl? Ich habe mir meinen eignen Reim darauf gemacht: Weil sie dort ihre Ruhe haben; kein Mensch trampelt mehr auf ihnen herum, und niemand vertikutiert ihnen im Frühjahr die Köpfe ab.

Auch mit Zimmerpflanzen kann man die wunderlichsten Dinge erleben. So bekam ich zum Beispiel vor Jahren eine rot blühende Hibiskus-Topfpflanze geschenkt. Ich hielt sie zunächst in der Wohnung, bis ich die ewige »Lauserei« derart leid war, dass ich sie von Frühling bis Herbst in den Garten stellte. Dort entsagte der Hibiskus seinen Läusen, gedieh prächtig und brauchte schon bald ein größeres Pflanzgefäß – und ein paar Jahre später ein noch größeres und noch größeres … Am Ende war er fast zwei Meter hoch und einen guten Meter breit, brachte jeden Sommer ein Meer von nicht nur roten, sondern auch gelben und lila Blüten hervor, bis er schließlich nach sechsundzwanzig Jahren an einer Pilzkrankheit starb. Ich war sehr traurig darüber und versuche seitdem unermüdlich, wieder einen Hibiskus von solcher Größe heranzuziehen. Aber es will und will nicht glücken.

Und zum Schluss noch die allerverwunderlichste Pflanzengeschichte, die ich je erlebt habe: Ich besaß einen Trockenblumenstrauß mit einigen Silberdisteln drin, der im Verlauf von zehn Jahren staubig und unansehnlich geworden war. Trotzdem wollte ich ihn nicht gleich wegwerfen, sondern arrangierte ihn im Dezember zusammen mit ein paar Tannenzweigen als Adventsdekoration am

Hauseingang. Und traute meinen Augen nicht: Wenn es regnete und schneite, schlossen sich die Blüten der Silberdisteln, wenn die Sonne schien, öffneten sie sich wieder. Sogar im Hochwinter. Und das nach zehn Jahren! Dass die Blütenköpfe von Silberdisteln hygroskopisch sind, habe ich nachgelesen, aber es ist schier unfassbar, dass diese Eigenschaft auch noch funktioniert, wenn die Pflanze eigentlich längst tot ist. Ein Wunder? Botaniker werden es erklären können.

Überhaupt, von wegen zum Leben erweckte scheintote Pflanzen. Die absolute Sensation lieferte dazu 2012 der Fund eines Futtervorrats, den sich Eichhörnchen vor 30 000(!) Jahren in Sibirien angelegt hatten. Vom Permafrost über all die Jahrtausende konserviert, konnte man jetzt noch aus den unreifen Früchten von Leimkräutern embryonales Gewebe entnehmen, das unter Laborbedingungen Setzlinge bildete, die eingepflanzt schließlich zur Blüte kamen. Kaum zu glauben.

Nicht real nachvollziehbar ist aber auch die Kommunikation zwischen Gärtner und Pflanze. Prominentester Vertreter: Prinz Charles, der bekanntermaßen mit seinem Grünzeug spricht. Und wie er machen das viele ganz normale gärtnernde Zeitgenossen rund um den Globus. Dass das so verkehrt nicht sein kann, belegen Studien, wonach sich freundlicher Zuspruch nachweislich positiv auf das Gedeihen von Pflanzen auswirkt und umgekehrt.

Auch ich spreche mit meinen Blumen. Insbesondere im Spätherbst, wenn die Umsiedlung der Töpfe mit den frostempfindlichen Pflanzen in den Wintergarten bevorsteht. Dann sage ich etwa zu der von Weißen Fliegen umwaberten Fuchsie, während ich sie mit Insektenvertilgungsmittel besprühe: »Nun sieh zu, dass du die Viecher los wirst. Wenn nicht, musst du leider draußen bleiben, und das wäre dann dein Ende. Also reiß dich gefälligst zusammen.«

Und was soll ich sagen: Es klappt. – Manchmal auch nicht.

Gärtners Winterpause

»Jetzt ist ja bald Schluss mit der Gartenarbeit, und Sie haben für ein paar Monate Ruhe.« – »Sag mal, was tust du denn den ganzen Winter über, wenn du nicht im Garten herumwerkeln kannst; da wird's dir bestimmt langweilig werden.«

Solche und ähnliche Kommentare darf ich mir jedes Jahr ab November anhören, wenn ich gerade damit beschäftigt bin, das letzte Laub zusammenzurechen, Rosenstöcke anzuhäufeln oder Pflanztöpfe in den Keller zu schleppen.

Ich muss mal ernsthaft überlegen: Was mache ich eigentlich tatsächlich den ganzen Winter über? Vom Frühjahr bis zum Spätherbst wird mein Tagesablauf ja wie bei den meisten Hobbygärtnern hauptsächlich von der Arbeit draußen bestimmt. Und im Winter? Nehmen wir uns etwa ein Beispiel an der Natur und halten von Dezember bis März Winterschlaf? Schön wär's, und gut tät's uns sicher auch – ganz zu schweigen davon, was wir dadurch alles einsparen würden an Heizung, Essen, Energie.

Derlei Überlegungen sind natürlich rein hypothetisch. Und so ist der Gartenmensch im Winter zwar außer Dienst, aber trotzdem voll beschäftigt. Wer mag oder kann, verreist, denn jetzt hat er Zeit dazu – sein Gartenbaby schläft und stellt momentan keine Ansprüche.

Nach Dreikönig, wenn man die Feiertage mitsamt der damit einhergehenden Völlerei gründlich satt hat und die Gästeflut versiegt ist, könnte es von mir aus schlagartig Frühling werden. Aber die Tage werden nur zögerlich länger, und meistens zeigt in den ersten Monaten des neuen Jahres der Winter so richtig, was er kann. Dies ist die beste Zeit, um endlich alle Tätigkeiten, die man im vergangen Jahr wegen des Gartens auf unbestimmte Zeit vertagt hat, nachzuholen. Wie da wären Papierkram ordnen, Bücherregale abstauben, angefangene

Manuskripte zu Ende schreiben, Keller oder Dachboden entrümpeln, längst versprochene Besuche machen, Arzttermine wahrnehmen.

Und dann sind da jene ganz speziellen Tage ab Februar, an denen am frühen Morgen das erste rührende Amsellied erklingt und der Schnee exakt an jenen Stellen wegapert, wo die ersten Frühlingsblumen auf ihren Auftritt warten. Da stehe ich dann und gucke beglückt auf robuste Triebspitzen und erste Knospen von Schneeglöckchen, Winterlingen, Krokussen, Primeln und Narzissen. Die Christrosen stemmen ihre harten Blätter durch gefrorene Laubbuckel, und das Weiß ihrer Blütenteller konkurriert mit dem des Schnees. Auch Winterjasmin und Hamamelis, goldgelb und rostrot, lassen sich durch späte Wintereinbrüche nicht beirren. Sie und nicht zuletzt auch die silbrig- pelzigen Weidenkätzchen künden vom bereits zu ahnenden Frühling, von neuem Leben in der Natur, von der Wiederauferstehung meines Gartens.

Dies ist nun auch die Zeit, in der ich die aktuellen Gartenzeitschriften und den Ratgeber des Gartenbauvereins besonders eifrig studiere. An einem verheißungsvoll sonnigen Wintertag wandere ich schließlich über meine Scholle. In der Hand Block und Kugelschreiber, im Kopf etwa ein halbes Dutzend Änderungsideen. Auch wenn die Beete noch verschneit, Sträucher und Bäume kahl sind, entfalten sich doch vor meinem geistigen Auge gewissermaßen »blühende Landschaften«. Ich überlege, wie sich dieser oder jener Plan am besten umsetzen ließe, notiere mir Stichpunkte, mache grobe Handskizzen.

Wie man sieht, dauert meine sogenannte Winterruhe höchstens zwei Monate, denn ab spätestens Februar bin ich – zumindest gedanklich – bereits wieder im Garten. Da war keine Zeit für Langeweile. Und ausgeruht bin ich auch längst. Ja, ich kann es gar nicht mehr erwarten, endlich wieder loszulegen.

Im Botanischen Garten

»Der Februar, der noch ganz im vollen Winterbann liegen kann und doch schon Raum für seltsame andere Dinge hat, wird als Wintermonat nicht mehr ganz ernst genommen. Man sieht den Garten schon mit anderen Augen an und möchte keinen der Uranfänge neuen Lebens verpassen.« So formuliert es Karl Foerster in seinem Aufsatz »Wintergezeiten«.

Auch ich bin im Februar in meinem Garten den Uranfängen neuen Lebens auf der Spur und entdecke Christrosen, Schneeglöckchen und Frühlingsknotenblumen, die an einigen Stellen, unbeeindruckt von Schnee und Kälte, hervorspitzen. Ein guter Grund, um zum ersten Mal im neuen Jahr einen Spaziergang durch den Botanischen Garten zu machen und nach den dortigen Frühlingsboten Ausschau zu halten.

Ich muss gar nicht weit fahren, um in diese hundertjährige, unschätzbare Pflanzenoase im Münchner Stadtteil Nymphenburg zu gelangen. Dort spaziere ich als Erstes die sogenannte »Frühlingsstraße« entlang. Hier, in geschützter Lage, haben die Gärtner all das in die Erde gebracht, was in unseren Breitengraden zeitig im Jahr blüht: Schneeglöckchen, Frühlingsknotenblumen, Winterlinge, Krokusse, Christrosen, Primeln, Leberblümchen, Traubenhyazinthen, Blausterne, Wildtulpen … und natürlich die zauberhafte Zaubernuss. Doch es stellt sich heraus, dass die Vegetation im Augenblick auch nicht recht viel weiter ist als bei mir zu Hause. Das wird sich in ein, zwei Wochen ändern, aber dann werde ich hier nicht mehr alleine herumbummeln können, sondern mich in den Besucherlindwurm einreihen müssen, der sich durch die »Frühlingsstraße« schiebt.

Ich gehe weiter zu den Gewächshäusern. In den ersten Monaten des Jahres scheint dort jedermann nur ein Ziel zu haben: das Wasserpflanzenhaus mit der Sonderschau Tropische Schmetterlinge. Das kommt mir gelegen, denn so habe ich im Viktoria- und Mexikohaus bei angenehmen Temperaturen einigermaßen Ruhe. Mein Hauptziel ist allerdings das Kalthaus, in dem jetzt Azaleen und Kamelien um die Wette blühen, dass mir das Herz aufgeht.

Meine absolute Lieblingspflanze, der ich bei jedem Besuch meine Aufwartung mache, befindet sich im Lichthof, gleich beim Eingang. Ich kenne sie schon seit meiner Kindheit. Es handelt sich um ein Pomeranzenbäumchen, das jetzt im Winter Früchte trägt. Seit 1951 steht es hier im Botanischen Garten, nachdem es mit General von Steuben um 1790 aus Amerika ins Münsterland gekommen war. Es ist immer schön, liebe alte Bekannte wiederzusehen. (Ich meine die Pomeranze, nicht den General.)

Ich verlasse die Wärme der Gewächshäuser und stapfe im Freiland noch ein bisschen durch die anderen Abteilungen: Nutzpflanzengarten, Rhododendronhain, Farnschlucht, Alpinum, Moorbereich, Arboretum, Schmuckhof.

Längst ist das Grünen und Blühen hier nur noch vage Erinnerung. Geborgen im weißen Schneekokon schlummern die Pflanzen ihrer Wiedererweckung entgegen. Nachdem nur wenig Spektakuläres das Auge am Boden hält, richtet sich mein Blick nach oben in die Kronen der gewaltigen, teils exotischen Bäume. Sie sind mir vor allem als Sommerbäume im grünen Blättergewand vertraut; jetzt erst kann ich ihre Grundstruktur erkennen – jeder Baum ein Unikat. Angeregt von Karl Foerster erkenne auch ich, dass »die Rinde winterlicher Laubbaumstämme und Äste« keineswegs einheitsgraubraun, sondern »mit allen Farben ihrer Patina und ihrer Flechten und Moose geschmückt« ist.

Wie gesagt, im Februar ist der Botanische Garten, mit Ausnahme der Gewächshäuser und dem Café, so gut wie menschenleer. Damit wird es schlagartig vorbei sein, wenn die Saison der Tulpen-, Magnolien- und wenig später der Rhododendronblüte beginnt. Am meisten Betrieb herrscht im frühen Sommer zur Rosenzeit, während es im August/September wieder etwas ruhiger zugeht. Dann sind viele potenzielle Besucher wohl im Urlaub oder zumindest an einem der Badeseen des Münchner Umlands und wissen gar nicht, was sie während dieser Zeit im Botanischen Garten verpassen: die Hochblüte der Dahlien und Staudenbeete im Schmuckhof – eine Pracht!

Wie unschwer zu erkennen ist: Ich liebe den Botanischen Garten zu allen vier Jahreszeiten. Denn er ist nicht nur schön anzuschauen, man kann auch durch bloßes Hingucken immer wieder etwas Neues und Nützliches lernen. Beispielsweise wie man Beete farbharmonisch gestaltet, wie man Rosen richtig schneidet und dass man im Herbst die dürren Schmuckgräser zusammenbindet.

Selbst im absolut ungärtnerischen Winter nehme ich einen ganz speziellen Eindruck mit nach Hause. Nämlich den beinahe schon nostalgischen Anblick von Fichtengrün als Kälteschutz für empfindliche Pflanzen. Was für ein wohltuender Kontrast zu den bandagierten Jute- und Plastikmumien, die einem heutzutage beinahe aus jedem Vorgarten entgegenstarren. Ja, der Dernier Cri winterlicher Verhüllungskunst sind zum Zeitpunkt, als ich diese Geschichte schreibe, gar Pflanzenfrostschutzhauben mit Blümchenmuster oder in Gestalt überdimensionaler, mit Applikationen verzierter Teewärmer. Beliebte Motive: Santa Claus, Mickey Mouse und Comic-Kuh.

Allein bei dem Gedanken, diese Geschmacksverirrungen auch im Botanischen Garten, beispielsweise an den Strauchpäonien, zu entdecken, schüttelt's mich. Doch gottlob lassen die Hüter der Botanik in ihrem Reich derlei Verschandelungen nicht zu.

Die Kamelie – eine sensible Pflanze

Alle paar Jahre kann ich im Januar einfach nicht widerstehen und kaufe mir eine Kamelie. Wider besseres Wissen, denn diese wunderschöne Pflanze wird bei mir erfahrungsgemäß höchstens zwei Blühperioden erleben und anschließend beleidigt ihre Knospen abwerfen. Obwohl ich sie von Herbst bis Frühjahr artgerecht im kalten Wintergarten beherberge. Allerdings: Wenn die erste kräftige Vorfrühlingssonne auf die nicht isolierten Glasscheiben scheint, wird es drinnen untertags schon mal über zwanzig Grad warm – und dies ist wohl auch der Grund, warum die Kamelie und ich nie lange Freude aneinander haben.

Das ist sehr schade. Zum einen wegen der (nicht eben billigen) Pflanze, zum andern, weil die Kamelie zu meinen absoluten Blumenfavoriten zählt. Obwohl oder gerade weil sie so schön altmodisch wirkt. Mit ihren porzellanartigen roten, rosa und weißen Blüten und den dunkelgrün, wie gelackt schimmernden Blättern war sie schließlich die Modeblume des 18. und 19. Jahrhunderts. Mitverantwortlich für diesen Boom war der Franzose Alexandre Dumas der Jüngere, welcher 1848 in seinem Roman »Die Kameliendame« die Kurtisane Marguerite nie ohne Kamelienstrauß ins Theater oder auf Bälle gehen ließ. Leider ohne Happy End für die Protagonistin.

In ihr jedoch ein Synonym für »leichtes Mädchen« zu sehen, würde der Kamelie keinesfalls gerecht. In Japan steht sie für Freundschaft, Harmonie und Eleganz und hatte ihren Auftritt bei Hof- und Teezeremonien. *Camellia japonica* wurde sie nach dem Missionar und Botaniker Georg Joseph Kamell benannt und betrat 1739 in England erstmals europäischen Boden.

Als eine der beliebtesten und teuersten Blumen ihrer Zeit verkehrte die Kamelie hierzulande anfangs nur in vornehmsten Kreisen; Schlossgärten waren für sie gerade gut genug. So auch jener von Schloss Pillnitz nahe Dresden, wo sie, aus den englischen Kew Gardens kommend, 1801 an die Stelle gepflanzt wurde, an der sie noch heute steht. Seit über zweihundert Jahren wächst und gedeiht diese Kamelie nun schon dort, mittlerweile über achteinhalb Meter hoch und mit einem Durchmesser von fast elf Metern – und schmückt sich jedes Jahr von Februar bis April mit Zehntausenden karminroter Blüten.

Ich habe die Pillnitzer Kamelie vor einigen Jahren besucht: wahrlich ein Prachtbaum! Die Schlossgärtner scheuen ja auch seit Generationen keine Mühe, ihr Schätzchen durch den Winter zu bringen. Anfangs mit Holzhäusern – im Januar 1905 brannte eines ab, das Löschwasser gefror bei minus zwanzig Grad zu einem Eisberg über der Kamelie, die aber noch im gleichen Frühjahr wieder neu austrieb, als sei nichts geschehen. Heute wird sie von einem riesigen mobilen Gewächshaus behütet, in dem Hightech für ihr Wohlergehen sorgt; ein Klimacomputer regelt Temperatur, Belüftung, Luftfeuchtigkeit und Beschattung. (Bei solchen Rahmenbedingungen brächte auch ich meine Kamelie heil über den Winter.)

Klimabedingt sind optimale Winterquartiere für Kamelien sowohl in Sachsen als auch in Bayern ein Thema , nicht aber im Tessin. Dort habe ich vor gut fünfzig Jahren die ersten Freilandkamelien erlebt und mich spontan in sie verliebt. Man muss sich das einmal vorstellen: Im Februar/März aus der Schneeregion von Monte Tamaro oder Cardada Cimetta kommend erblickt man in den Gärten rund um Luganer See und Lago Maggiore sattgrüne mannshohe Kamelienbüsche, ja an die zehn Meter hohe Kamelienbäume in voller Blüte! Als Solitärpflanzen und in Gruppen und das Ganze unter azurblauem Himmel – fast wie eine Kitschpostkarte, aber real, wunderschön und unvergesslich.

Wenn ich an meine vorläufig letzte Begegnung mit den Tessiner Kamelien vor einigen Jahren denke, erinnere ich mich vor allem an eine Wanderetappe von Ronco hinunter nach Porto Ronco. Das war Ende April, und im Gebiet des Lago Maggiore hatte es in der Woche zuvor heftig gestürmt und geregnet, in höheren Lagen sogar geschneit. Unter den großen alten Kamelienbäumen rechts und links unseres Weges breiteten sich dicke Teppiche aus Tausenden abgerissener Blüten. Aber oben im dunklen Laub blühte es weiter in üppigem Rot, so als hätte es überhaupt kein Unwetter gegeben.

Was besagt, dass die Kamelie in Wirklichkeit gar keine so sensible Pflanze ist – sofern sie im richtigen Klima und am richtigen Standort gedeihen darf.

Gartendeko vor der Haustüre

Es gibt Leute, die gucken gern in Schaufenster, andere lieber in Gärten. Zu letzteren zähle ich. Auch wenn mir keinerlei Erhebungen hinsichtlich des prozentualen Verhältnisses der beiden Spezies bekannt sind, nehme ich doch an, dass sich die Schaufensterbummler in der Mehrzahl befinden.

Dabei kann der Blick über respektive durch den Zaun in fremde Gärten genauso sehenswerte Schau-Fenster eröffnen. Insbesondere seit es gesamtarchitektonisch zunehmend schick wird, sein Eigenheim nicht mehr mit Thuja, Eibe, Kirschlorbeer oder ähnlich Blickundurchdringlichem einzuhausen wie eine Geheimdienst-Dependance. Vor allem im Winter, wenn keine störenden Blätter mehr an Busch und Baum hängen, kann das Auge des interessierten Spaziergängers ungehindert durch den Vorgarten bis zur Haustüre schweifen.

Ja, und was sieht es da? Eine ganze Menge, will ich meinen. Denn in dem Maße, wie sich Gärtnerin und Gärtner gezwungen sehen, ihr sommerliches Betätigungsfeld nach und nach zu räumen, gelten ihre grünen Ambitionen zunehmend dem Schmuck vor der Haustüre. Sozusagen als letztes gärtnerisches Aufbäumen.

Im Herbst bestehen die Arrangements naturgemäß aus Topfchrysanthemen und -heide, Skimmien, Zierkohl, Segge, Kürbissen, Maiskolben, Kastanien und unbedarft lächelnden Strohpuppen am Stiel. Wer hat, gruppiert auch Gartenzwerge oder andere Freiland-Nippes drum herum. Und spätestens kurz vor dem 1. November gesellt sich hier und dort ein schaurig erleuchtetes Kürbisgesicht dazu.

Weil aber die Bewohner nach wie vor ihre Haustüre dazu benützen wollen, wofür sie eigentlich vorgesehen ist, wird der Platz auf der Eingangstreppe zunehmend knapp. Und so werden als Bühne für die mannigfache Auslegeware Tische, Bänke und Bollerwägen postiert, ja eigens für diesen Zweck Strohballen herbeigeschafft oder Trockenmäuerchen aufgerichtet.

Die Herbstdekoration hat spätestens am 1. Adventssonntag ausgedient. Ab diesem Datum ist dann Weihnachtliches angesagt. Nein, ich lasse mich hier nicht über den sich epidemisch ausbreitenden Illuminationswahn aus – hektisch blinkende Lichterketten und Rentier-Rudis etc., auch nicht über fassadenkletternde Weihnachtsmänner –, sondern bleibe bei der gärtnerischen Dekoration. Dafür hat man in der Advents- und Weihnachtszeit hierzulande im Freien jahreszeitlich bedingt wenig Spielraum. Was geht, ist Immergrünes: Tannenzweige, vorzugsweise mit Zapfen und gern in alten Milchkübeln arrangiert, getopfte Christbäume mit und ohne Behang, Stechpalmen und Misteln, dazu kerzenbestückte Laternen aus Metall oder Keramik.

An diesem Stillleben ändert sich dann so schnell nichts mehr, auch wenn Weihnachten und Silvester vorüber sind. Höchstens wenn die

Deko beim Schneeräumen im Weg steht; dann wird sie kurzerhand abgebaut und auch nicht mehr durch eine neue ersetzt. Erst jetzt, im Januar, scheinen Gärtner und Gärtnerin endgültig mit dem vergangenen Jahr abgeschlossen zu haben. Sie sitzen in der warmen Stube, lesen die Gartenbücher, die sie zu Weihnachten geschenkt bekommen haben, oder blättern in den neuen, verheißungsvollen Pflanzenkatalogen.

Ab März hält sie dann nichts mehr, und sie werden wieder draußen aktiv. Da ihnen der Garten so früh im Jahr noch keine befriedigenden Erlebnisse beschert, fokussieren sie sich aufs Neue auf den Hauseingang. So erblüht hier, oft noch unter Schneeschauern, der erste Frühling: mit Stiefmütterchen und Hundsveilchen, mit Ranunkeln, Bellies, Vergissmeinnicht, Hyazinthen und frühen Narzissen und Tulpen in der Tonschale oder im Flechtkorb.

Dann hat es schließlich ein Ende, das lange, sehnsüchtige Warten auf den Frühling, und scheinbar über Nacht beginnt wieder ein neues Gartenjahr mit all seinen Freuden und Plagen. Und wenn dann mit einem Mal wieder ringsum alles grünt und blüht, wer hätte da noch Zeit und Lust für Blumenarrangements auf der Treppenstufe vor dem Hauseingang? Außerdem muss die jetzt wieder frei bleiben: für eilig abgestreifte Gartenschuhe, den Korb mit erstem frischen Bärlauch und das Polster für Mieze, die endlich wieder auf ihrem angestammten Platz ihr Mittagsschläfchen in der warmen Sonne halten möchte.

Tiere in meinem Garten

Ab Anfang März wird mein Garten sichtbar wieder lebendig. Nein, ich meine damit nicht die langsam wieder auf Touren kommende

Vegetation, sondern ganz reale Lebewesen. Maulwürfe zum Beispiel, die sich um diese Zeit ihrem Liebesleben hingeben und auf der Suche nach einer Partnerin ihren Grabungsradius auf der benachbarten Freizeitwiese erweitern – unter anderem herein in meinen Garten. Außer dass sie meinen Rasen ummodellieren, richten die Tiere jedoch keinen Schaden an. Im Gegenteil, Maulwürfe sind sogar recht nützlich, vertilgen sie doch Engerlinge, Larven, Schnecken und Drahtwürmer.

Im Gegensatz zu den Wühlmäusen, die nur wenige Wochen später ihre Tunnelbauten in meinem Garten vorantreiben. Sie haben es neben Feldfrüchten auch auf schmackhafte Wurzeln abgesehen. (Weshalb sie manchmal als Sündenböcke herhalten müssen, wenn eine meiner Pflanzen über den Winter eingegangen ist und ich mir keinen Reim darauf machen kann.)

Danach gefragt, was er gegen Wühlmäuse unternehme, antwortete einst der Gartenzauberer und Naturversteher Karl Foerster weise: »Wir schimpfen.« Die Bio-Gärtnerin und Autorin Marie-Luise Kreuter empfahl, das Problem mit Hilfe eines tapferen Katers zu lösen. Da ich aber lediglich eine pomadige Katze besitze, bliebe mir für eine wirklich effektive Bekämpfung nur die chemische Keule in Form von Gas. Das geht aber nicht, weil mein Garten an ein Gewässer grenzt. Maulwürfe stehen sowieso unter Naturschutz und dürfen höchstens vergrault werden. Also bleibt mir zur Abwehr meiner ungebetenen Untertage-Aktivisten nur die Wahl zwischen stinkenden oder Krach machenden Maßnahmen. Zu Ersteren zählen beispielsweise Mottenkugeln, Fischköpfe, Knoblauch, Meerrettich, Buttermilch oder Hundehaare. Man gibt sie in die Gänge, und die Tiere wandern ab. Oder nicht. Das Gleiche gilt für batteriebetriebene Geräte, welche Vibrationen oder Töne erzeugen.

Doch lassen wir das. Sonst stehe ich womöglich auch in keinem besseren Licht da wie so viele meiner Hobbygärtner-Kolleginnen und -Kollegen, die als vermeintliche Naturfreunde rigoros Jagd auf Laus, Maus & Co. machen.

Tiere im Garten – da wären zunächst einmal die, welche wir uns selber zulegen. Vor allem Haushund und -katze und, sofern Kinder da sind, vielleicht auch noch Kaninchen, Meerschweinchen oder Hamster. So eine Menagerie lässt sich bei guter Erziehung beziehungsweise entsprechenden Gehegen in der Regel einigermaßen im Zaum halten. Bis auf die Katze, der es wohl selten abzugewöhnen sein wird, Vögel zu jagen oder ihr Geschäft im feinsandigen Kräuterbeet zu verrichten. Zwar soll es dem Hörensagen nach ganz besonders intelligente Katzen geben, die ihre Abortgrübchen im Nachbarsgarten graben und ausschließlich Wühlmäuse erlegen. Diese Samtpfoten scheinen mir allerdings von einer anderen Galaxie zu stammen.

Gern gesehene – und gehörte – Gäste sind unsere Gartenvögel. Obwohl ich ein paar von ihnen mit Beginn der Brutsaison ganz gern wieder ausladen würde, wenn das nur so leicht ginge. Allen voran die Rabenkrähen, die in manchen Jahren im Wettlauf mit den Eichhörnchen wirklich jedes auch noch so gut versteckte Amselnest plündern. Der Buntspecht betätigt sich nicht nur als Vandale am Insektenhotel, sondern holt sich gar Jungmeisen aus dem Nistkasten. Und Frau Sperber beteiligt sich ebenfalls an der Vogeljagd, lehrt aber auch gleichzeitig die Mäusen das Fürchten.

Auch das Heer von Insekten, Spinnen, Fliegen, Wespen, Bienen, Schmetterlingen, Libellen, Würmern, Käfern, Fröschen etc. lässt sich nicht in ausschließlich Gut oder Böse unterteilen. Unabhängig davon, ob wir sie als hübsch, nützlich, eklig oder lästig empfinden, haben sie alle ihre ganz spezifische Funktion im großen Gartengefüge. Manchmal auch nur die, anderen Tieren als Nahrung zu dienen – zum Beispiel dem Igel.

So exotisch es anmuten mag: Auch Steinmarder und Biber zählen zu den Tieren, die in meinem Münchner Vorstadtgarten ein und aus gehen. Steinmarder gab es schon im Garten meiner Kindheit, und heutzutage stellen Biber in städtischen Gewässern längst keine Seltenheit mehr dar. Im Sommer 2012 hat ein Würm-Biber zum ersten Mal meinen Garten besucht (oder sollte ich besser sagen: heimgesucht?). Persönlich getroffen haben wir uns seitdem nur selten, denn wenn er spätabends munter wird, bin ich schon im Haus. Nachdem er allerdings zwei junge Obstbäume verspeist hatte, sah ich mich gezwungen, meine restlichen Bäume mit Drahtgitter zu ummanteln.

Als Entree nützt der Biber übrigens die Ententreppe, die zu dem Türchen im Zaun führt, durch das auch die Stockenten (sofern sie nicht einfach drüber fliegen) meinen Garten betreten. Im Winter sind es bis zu vierzig, manchmal sogar fünfzig Stück, im Sommer nur ein, zwei Paare. Im Winter verputzen sie mehrere Zentner Mais, und wenn sie im Frühjahr wieder abgezogen sind, sehen zwanzig Quadratmeter Rasen aus wie ein Sturzacker. Dafür präsentiert mir die eine oder andere Entenmama später zum Dank ihren putzigen Kükennachwuchs.

Ich werde oft gefragt, warum ich mir keine Laufenten anschaffe; die würden sich wenigstens für ihr Futter erkenntlich zeigen, indem sie im Garten die Schnecken vertilgen. Eine schöne Vorstellung, aber leider nicht realisierbar, denn die nützlichen Laufenten würden schon nach kürzester Zeit zusammen mit den anderen Enten im Fluss auf Nimmerwiedersehen davonpaddeln.

So, nachdem ich Ihnen nun alle Tiere vorgestellt habe, die meinen Garten bevölkern, werden Sie sich möglicherweise auch der Meinung einer Bekannten anschließen, die unlängst bei einem Besuch feststellte: »Menschenskind, du hast nicht bloß einen Garten, du hast ja den reinsten Tierpark!«

Literaturnachweis

Arnim, Elizabeth von, Elizabeth und ihr Garten. Insel Verlag, Frankfurt a. Main 1987

Augstein, Jakob, Die Tage des Gärtners. Carl Hanser Verlag, München 2012

Čapek, Karel, Das Jahr des Gärtners. Schöffling & Co., Frankfurt a. Main 2012

Demski, Eva, Gartengeschichten. Insel Verlag, Frankfurt a. Main 2009

Foerster, Eva / Rostin, Gerhard, Ein Garten der Erinnerung (Karl Foerster Werkausgabe). Eugen Ulmer KG, Stuttgart 2009

Heilmeyer, Marina, Die Sprache der Blumen. Bassermann Verlag 2010

Hesse, Hermann, Freude am Garten. Insel Verlag, Frankfurt a. Main 1992

Lanfranconi, Claudia / Frank, Sabine, Die Damen mit dem grünen Daumen. Elisabeth Sandmann Verlag, München 2009

Maletzke, Elsemarie, Leidenschaftliche Gärtner. Insel Verlag, Frankfurt 2012

Pape, Gabriella, Meine Philosophie lebendiger Gärten. Insel Verlag, Berlin 2012

Sackville-West, Vita, Mein Sommergarten. Piper Verlag, München 2010

Bayerischer Landesverband für Gartenbau und Landespflege e. V., Monatszeitschrift Der praktische Gartenratgeber. Obst- und Gartenbauverlag München

Impressum

ISBN 978-3-9816478-0

Zu beziehen über: Marianne@Heilmannseder13.de
Layout & Producing: Maren Gehrmann, Germering
Druck & Bindung: Sellier-Druck GmbH, 85354 Freising; www.appl.de

Lieferbare Bücher von Marianne Heilmannseder
im Verlag Berg & Tal Heinrich Bauregger, München

Wanderungen für Leib und Seele
Die schönsten Ausflüge zu Klöstern
und Klostergaststätten in Oberbayern
33 leichte Wanderungen zu sehenswerten oberbayerischen Klöstern und Klostergaststätten. Wissenswertes zu Klostergeschichte, -veranstaltungen, -gastronomie. Übersichtskarten. Zahlreiche Farbfotos.
2. Auflage 2010, Klappbroschur,
128 Seiten, 16,90 Euro

Lustwäldchen & Malergärten
Gärten und Parks in Oberbayern. 50 Spaziergänge
34 Parks und Grünanlagen, Schloss-, Kloster- und Künstlergärten in München und Oberbayern. 50 Spaziergänge. Infos zur Gartengeschichte. Übersichtskarten. Zahlreiche Farbfotos.
1. Auflage 2009, Klappbroschur,
128 Seiten, 16,90 Euro

Meine Würm
Eine erwanderte Flusslandschaft
Eine Liebeserklärung der Autorin für den Fluss, an dem sie lebt. 8 gemütliche Wanderungen zwischen Starnberg und Dachau. Hintergrundinformationen. Übersichtskarten. Zahlreiche Farbfotos und Aquarelle der Hobbymalerin.
1. Auflage 2011, laminierter Pappband,
128 Seiten, 19,90 Euro